北欧生态城区与绿色建筑

Nordic Ecological City and Green Architecture

辛同升　著

中国建筑工业出版社

图书在版编目（CIP）数据

北欧生态城区与绿色建筑 = Nordic Ecological City and Green Architecture / 辛同升著. —北京：中国建筑工业出版社，2023.2

ISBN 978-7-112-28417-7

Ⅰ.①北… Ⅱ.①辛… Ⅲ.①生态城市—城市建设—研究—北欧 Ⅳ.①X321.53

中国国家版本馆CIP数据核字（2023）第039464号

本书主要阐述芬兰、瑞典、丹麦以及挪威的生态城区发展历程、绿色建筑技术标准体系、绿色建筑节能技术等，对其城市规划和设计、城市特色风貌保护、小城镇的规划与建设以及生态环境的保护与建设等方面进行了重点的介绍，内容共6章，分别是：概述、生态城区发展历程及特点、北欧生态城区解析、北欧绿色建筑发展历程及节能技术标准、北欧绿色建筑技术研究、北欧绿色建筑案例。本书适合建筑规划、设计人员以及绿色建筑节能设计、研究人员参考使用。

责任编辑：万　李
书籍设计：锋尚设计
责任校对：王　烨

北欧生态城区与绿色建筑
Nordic Ecological City and Green Architecture
辛同升　著
*
中国建筑工业出版社出版、发行（北京海淀三里河路9号）
各地新华书店、建筑书店经销
北京锋尚制版有限公司制版
北京市密东印刷有限公司印刷
*
开本：787毫米×960毫米　1/16　印张：14¾　字数：230千字
2023年2月第一版　2023年2月第一次印刷
定价：**55.00**元
ISBN 978-7-112-28417-7
（40235）

序

在近三十年快速城镇化进程中，我国城市建设以惊人的速度增长，为大量新市民进入城市生产生活提供了基础保障。同时，城市建设活动也是促进经济增长不可或缺的重要因素，是推动社会进步发展的有效途径。但是我国的城市建设也存在着发展质量不高、忽视生态环境保护等若干问题。顺应当前高质量发展的趋势，绿色生态已经成为我国城市建设良性发展的基本准则，是我国城市建筑发展的重要方向。

1972年，联合国在瑞典首都斯德哥尔摩首次召开人类环境会议，通过了《人类环境宣言》。以此为契机，北欧高度重视人与环境的和谐共生。经过几十年的探索，相继建设了若干生态城区与绿色建筑，形成了相应的政策规范和技术体系，现已成为全球绿色生态发展的良好典范。因此，研究北欧的生态城区与绿色建筑对于促进我国城市建设的高质量发展具有重要意义。北欧人口较少、城市建筑密度较低且以多层建筑为主，而我国城市发展人口密度较高、强调土地高效利用，如何借鉴北欧城市建设的先进经验，结合我国国情研究形成我国独具特色的生态城市及绿色建筑发展范式值得探讨。

该书作者曾与北欧科研机构联合工作多年，对于北欧和中国生态城区与绿色建筑发展体系均有深入研究，注重两者发展历程的比对，取得了诸多颇有价值的研究成果。该书从政策支持、生态空间、交通组织、能源节约、可循环利用等方面诠释了北欧生态城区的优势及内在发展机制；从技术标准、设计方法、建筑技术、智慧控制、新能源利用等方面总结了北欧绿色建筑的特点及实施路径。当前，我国城市建设已经步入城镇化高速发展的中后期，城市发展由大规模增量建设转为存量改造提质和增量结构调整并重治理，这表明我国生态城区和绿色建筑发展将面临更加复杂的局面。在此背景下，该书作者积极学习借鉴北欧城市建设的先进经验，结合我国社会发展的特点撰写出版此书，对于促进我国城市建设向绿色生态转型、推进城市建设高质量发展具有重要意义。

中国工程院院士

中国建筑股份有限公司首席专家

目录

第1章　概述

1.1　研究背景和意义　2

1.2　研究目标　4

1.3　研究的主要内容　5

第2章　生态城区发展历程及特点

2.1　生态城市概论　8

2.2　我国生态城区发展状况分析　13

2.3　北欧国家及其生态城区发展状况分析　18

第3章　北欧生态城区解析

3.1　芬兰赫尔辛基维基生态社区　46

3.2　瑞典斯德哥尔摩哈默比社区　56

3.3　瑞典斯德哥尔摩皇家海港生态城　63

3.4　瑞典哥德堡高科技园区　69

3.5　丹麦森讷堡绿色生态城　73

3.6　瑞典马尔默明日之城　78

第4章　北欧绿色建筑发展历程及节能技术标准
4.1　绿色建筑概述　90
4.2　节能技术的发展历程及现状　102
4.3　政策法规及社会推广　106
4.4　主要绿色节能技术体系　114
4.5　中芬技术标准比较　121

第5章　北欧绿色建筑技术研究
5.1　场地规划与建筑设计　132
5.2　节能与能源利用绿色技术　144
5.3　节水与节材技术　170
5.4　室内环境质量技术　176
5.5　智能管理　185

第6章　北欧绿色建筑案例
6.1　中国驻芬兰大使馆经济商务参赞处改造项目　200
6.2　赫尔辛基环境署办公楼　202
6.3　哥德堡Kuggen生态办公楼　204
6.4　哥本哈根绿色灯塔生态楼　206
6.5　哥本哈根皇家歌剧院　212
6.6　奥斯陆歌剧院　217

结语　222
参考文献　226

第1章 

概述

1.1 研究背景和意义

工业化在为人类社会带来巨大物质财富的同时，也为全球带来严重的环境污染。环境问题已成为困扰全球经济发展和人类健康的一大症结。在过去的100年中，全球平均气温上升了0.3～0.6℃，全球海平面平均上升了10～25cm。如果不对温室气体采取减排措施，在未来几十年，全球平均气温每10年将可升高0.2℃，到2100年全球平均气温将升高1～3.5℃。

严峻的环境问题已引起世人对此的高度重视。早在1972年，罗马俱乐部[①]“增长极限论”[②]引起世人对环境、资源问题的深切关注，同年在斯德哥尔摩召开的联合国人类环境会议提出了“只有一个地球”的响亮口号。1992年，联合国环境与发展会议在里约热内卢召开，与会的180多个国家达成“世界经济发展必须遵循可持续发展原则”的共识，标志着环保时代真正来临。

在全球环境的恶化中，建筑产业对环境的破坏是超乎寻常。根据欧洲建筑师协会的估计，全球的建筑相关产业消耗了地球能源的50%、水资源的50%、原材料的40%、土地损失的80%，同时产生了50%的空气污染、42%的温室气体、50%的水污染、48%的固体废弃物、50%的氟氯化合物。

---

① 1968年4月，正当工业国家陶醉于战后经济的快速增长和随之而来的“高消费”的“黄金时代”之际，由意大利著名实业家和经济学家奥莱里欧·佩切依博士召集，来自西方10个国家的科学家、教育家、经济学家、人类学家和实业家约30多人聚集在罗马山猫科学院，共同探讨了关系全人类发展前途的人口、资源、粮食和生态环境等一系列的根本性问题，并对当时的经济发展模式提出了质疑。此次集会后，1968年4月由佩切伊与英国科学家亚历山大发起，在罗马成立了一个专门研究世界未来学的学术机构，即罗马俱乐部。

② 增长极限论是由美国经济学家麦多斯1972年在《增长的极限》一书中提出的（该书是罗马俱乐部于1972年发布的第一份研究报告）。书中提出了5个基本问题：即人口爆炸、粮食生产的限制、不可再生资源的消耗、工业化及环境污染。报告认为这些问题都是遵循着指数增长的模式发展的。研究的最后结论是，地球是有限的，人类必须自觉地抑制增长，否则随之而来的将是人类社会的崩溃。这一理论又被称为“零增长”理论。

我国是世界上每年新建建筑量最大的国家，平均每年要建20亿m^2左右的新建筑，相当于全世界每年新建建筑的40%，水泥和钢材消耗量占全世界的40%。而我国的建筑能耗总量逐年上升，在能源消费总量中所占的比例已从20世纪70年代末的10%上升到近年的27.8%（最新文献为30%）。我国建筑不仅耗能高，而且能源利用效率很低，单位建筑能耗比同等气候条件下国家高出2～3倍。我国城乡既有建筑达430多亿m^2，乐观地估计，达到节能建筑标准的仅占5%左右；即使是新建筑，也有90%以上仍属于高能耗。与气候条件相近的发达国家相比，我国每平方米建筑供暖能耗尽管约为发达国家的3倍左右，但热舒适程度远不如发达国家。

巨大的开发和建设量一次又一次地考验着城市环境容量。目前，我国环境生态压力倍增，节能减排形势严峻。在此背景下，能够提供生态、健康、舒适居住环境的绿色建筑具备较大的推广前景。同时，在城市生态环境的建设背景下，生态城区作为应对良好生态环境的一种重要建设方式，在不断地探索和完善人与自然和谐共处的生活环境方面具备示范作用。

20世纪，发达国家走过了工业社会的发展阶段，也留下了惨痛的教训，如自然资源的破坏、生态系统的割裂破碎、大规模的城市板结、城市综合病等。这为后崛起的发展中国家制定科学的可持续发展计划提供了大量的经验。

我国生态城区和绿色建筑起步较晚，其建设经验大部分来自于国外成功的实践案例。因此，国外成功案例和先进经验无疑具有一定的借鉴意义，学习相关案例和经验，思考和探寻我国生态城区及绿色建筑的建设之路，将会获得广泛的综合效益。

北欧国家环境政策的先进程度在世界范围内处于领先地位。北欧地区冬季漫长，气候寒冷，民用建筑对于能源需求高，部分传统工业也是高能耗产业，加之所需能源主要依赖进口，因此节能对于北欧来说至关重要。20世纪70年代，北欧国家开始系统地治理环境问题。北欧绿色建筑技术体系标准和具体的技术措施对我国绿色建筑的建设和发展具有直接的示范作用和推动意义。

我国力争2030年前实现碳达峰、2060年前实现碳中和的战略目标，彰显了中国应对全球气候变化的大国担当，进一步坚定了“十四五”期间中国经济高质量发展的重要原则。为贯彻落实党中央、国务院积极稳妥推进城镇化的决策部署，了解发达国家城市整体设计新理论与实践方案，在建设领域大力坚持集约、智能、绿色、低碳的城镇化发展方向具有重要意义。在推进生产高效循环、生活幸福低碳、生态绿色和谐的可持续发展过程中，了解并学习北欧国家生态城区及绿色建筑建设的相关知识，获取大量的一手资料作为对照，可以为我国生态城区及绿色建筑的建设与发展提供借鉴与参考。

1.2 研究目标

通过对北欧国家生态城区的调研与考察，重点选取芬兰赫尔辛基维基生态社区、瑞典斯德哥尔摩哈默比社区、瑞典斯德哥尔摩皇家海港生态城、瑞典哥德堡高科技园区、丹麦森讷堡绿色生态城，以及瑞典马尔默明日之城等作为案例进行分析研究。本书对北欧四国在城市规划和设计、城市特色风貌保护、小城镇的规划与建设，以及生态环境的保护与建设等方面进行有重点、有针对性的研究，以期给我国生态城区的建设与发展带来启示和借鉴。

通过对北欧绿色建筑发展和芬兰（北欧代表性国家）建筑节能标准的仔细研究，并与中国相关标准进行对比研究，结合我国国情以及适宜区域进行适用性研究和本土化改造，推动我国建筑绿色节能技术达到国际先进水平。同时，建立绿色节能技术评价体系，为绿色节能技术的推广和应用提供理论依据和技术支撑。

同时，对中国驻芬兰大使馆经济商务参赞处改造项目、赫尔辛基环境署办公楼、哥德堡Kuggen生态办公楼、哥本哈根绿色灯塔生态楼、哥本哈根皇家歌剧院及奥斯陆歌剧院6个案例进行分析，以期将研究成果应用于实际项目的建设与改造中，达到节能减排的环保目标。

1.3 研究的主要内容

1．北欧生态城区研究

通过考察北欧生态城区的建设过程及学习相关政策，与我国生态城区的建设过程相比较，从中获得有建设性和针对性的启示和经验，同时为我国生态城区的建设和发展提出建议。

2．北欧绿色建筑技术标准体系

结合我国适宜区域的气候条件与地理条件对芬兰绿色节能技术进行本土化适用性研究，建立适宜区域的绿色节能技术评价体系，为在我国适宜区域的建筑绿色节能技术应用提供理论依据与技术支撑。

3．北欧绿色建筑节能技术

分析北欧国家绿色建造实施情况及所采用的主要绿色建造技术，为我国绿色建造的推进和实施提供参考。主要涉及北欧围护结构节能技术本土化适用性应用研究、北欧建筑通风技术本土化适用性应用研究、北欧太阳能技术本土化适用性应用研究，以及芬兰被动式节能技术适用性研究几个方面。

第2章

生态城区
发展历程及特点

本章主要介绍我国及北欧生态城区的发展状况。近年来，各类型生态城区的规划建设方兴未艾，基于不同的前提和规划目标，生态城区出现了不同的类型。

关于生态城区的概念，综合国内研究成果，可以把在一定地域范围内，基于某种生态目的或遵循某种生态途径设立的城区称为生态城区。城市生态城区一般位于城市郊区，有的由于区域城市结构的发展变化而处在几个城市组团之间的核心部位，面积一般在几平方公里、几十平方公里乃至上百平方公里，拥有良好的生态资源条件，是城市及其周边生态环境敏感区中大规模的“生态斑块”。

本书所指的生态城区是一个较为宽泛的概念，既指集约型混合城区的城市形态，负荷更趋多样化；又指高密度紧凑型的空间结构，需要能源的集成利用；也指多种低能量密度和低品位能源的综合应用模式。生态城区强调土地节约，环境友好，能源和资源充分利用，污染减少，能够为人们提供健康、舒适、适用、高效和可持续的城市发展模式。

鉴于国内对生态城市的研究较为成熟，而且生态城区可包含于生态城市之中，故本章理论部分选择生态城市进行论述，继而转为对所研究的北欧生态城区的介绍。

2.1 生态城市概论

2.1.1 生态城市研究基础

生态城市（Eco-City）概念是在1971年联合国教科文组织（UNESCO）发起的“人与生物圈”计划研究过程中首先提出来的，直接起源于霍华德田园城市。1925年，美国芝加哥学者帕克（Robert E · Park）等人创立了城市生态学，并在专著《城市》中以城市为对象，以生态学的观点论述了城市生态学理论和观点。20世纪60年代末，联合国教科文组织开始了“人与生物圈（MAB）计划”，提出从生态学角度研究城市的项目，并出版了《城市生态学》（*Urban Ecology*）杂志，这标志着城市生态学开始了在世界范围的广泛研究。此后，国内外召开过许多有关研究城市生态系统的研讨会。国外学者出版和发表了大量有关城市生态学的专著和论文，其中，理查德·瑞杰斯特在其著作《伯克利生态城——建设健康未来的城市》（*Ecocity Berkeley——Building Cities for a Healthy Future*）中系统论述了建设生态城市的意义、原则，并提出了创建生态城市的原理（Principles），具有里程碑意义。

1972年我国成为MAB计划国际协调理事会的理事国，1978年建立了中国MAB研究委员会，并在1979年成立了中国生态学会。1984年在上海成功举办首届全国生态科学研讨会，其主题是城市生态学的目的、任务和方法等，会上成立了我国第一个以城市生态为研究目的的中国生态学会城市生态学专业委员会。1986年和1997年我国分别在天津和深圳举办了全国城市生态研讨会，讨论了城市规划、城市生态系统及其影响和评价等问题。1999年昆明的全国城市生态学术讨论会总结了我国近年来在城市生态理论与实践方面的进展。

国内生态城市理论研究是从20世纪80年代开始的，以马世俊、王如松等为代表的一批学者在城市生态值的概念、生态库的概念和城市生态系统方面作了卓有成效的研究。1984年我国著名生态环境学家马世俊结合中国实际，提出了以人类与环境关系为主导的社会—经济—自然复合生态系统理论，奠定了中国生态城市研究的基础。1989年黄光宇提出了生态城市的衡量标准，1990年钱学森提出了具有中国特色的“山水城市”设想，1996年王如松、欧阳志云提出了“天城区合一”的中国生态城市思想以及生态城市建设的控制论大原理和原则。

2000年之后，国内关于生态城区的研究快速涌现，生态城市研究受关注的程度越来越高。诸多学者探讨了生态城市的内涵特征、发展战略、规划理论及建设途径。仇保兴对我国低碳生态城市的发展模式转型趋势及生态城市建设的重要性进行了多次探讨论述。2011年，龙惟定等探究了低碳生态城区能源规划的目标设定方法，并确定了关键性能指标。2014年，刘兴民探究了生态城区的运营管理模式、市政设施的市场化、社区服务理念和保障机制；2016年，李冰等对绿色生态城区的发展现状和趋势进行了全面分析；何斌、叶祖达等对生态城区的规划建设、管理提质、治理方法等进行了深入探讨。近年来，生态城市规划的评价体系及生态城市系统模型构建成为研究前沿与热点。2017年，赵格进行了LEED-ND与CASBEE-City绿色生态城区指标体系对比研究；2018—2020年，杜海龙等对生态城区进行了系统研究，包括中外典型生态城区评价标准系统化研究、基于国际比较视野的我国生态城区评价体系优化研究等。总体而言，与生态城区研究紧密相关的研究主题主要集中在生态城区的规划、建设、评价、指标体系、循环经济等方面；学科领域主要集中于宏观经济管理与可持续发展、环境科学与资源利用、建筑科学与工程三个方面。

2.1.2 生态城市的概念

从广义上讲，生态城市是建立在人类对人与自然关系更深刻认识基础上的新的文化观，是按照生态学原则建立起来的社会、经济、自然协调发展的新型社会关系，是有效利用环境资源实现可持续发展的新的生产和生活方式。狭义上讲，生态城市是指按照生态学原理进行城市设计，建立高效、和谐、健康、可持续发展的人类聚居环境。

生态城市是在联合国教科文组织发起的“人与生物圈”计划研究过程中提出的一个重要概念。可以说，生态城市是一个经济高度发达、社会繁荣昌盛、人民安居乐业、生态良性循环四者保持高度和谐，城市环境及人居环境清洁、优美、舒适、安全，失业率低、社会保障体系完善，高新技术占主导地位，技术与自然达到充分融合，最大限度地发挥人的创造力和生产力，有利于提高城市文明程度的稳定、协调、持续发展的人工复合生态系统。

2.1.3 生态城市的特点

生态城市具有和谐性、高效性、持续性、整体性、区域性和结构合理、关系

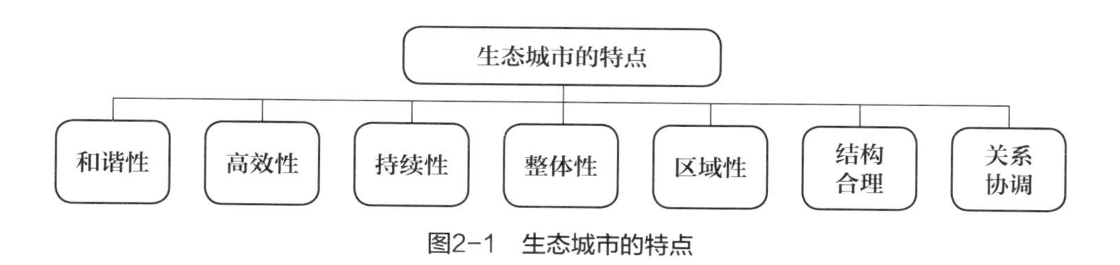

图2-1　生态城市的特点

协调7个特点（图2-1）。

①和谐性。生态城市的和谐性，不仅反映在人与自然的关系上，如人与自然共生共荣，人回归自然，贴近自然，自然融于城市，更重要的是在人与人的关系上。文化是生态城市重要的功能，文化个性和文化魅力是生态城市的灵魂。这种和谐是生态城市的核心内容。

②高效性。生态城市一改现代工业城市“高能耗”“非循环”的运行机制，提高一切资源的利用率，优化配置，使物质、能量得到多层次分级利用，如物流畅通有序、住处交通便捷，废弃物循环再生，各行业各部门之间通过共生关系进行协调。

③持续性。生态城市是以可持续发展思想为指导，兼顾不同时期、空间，合理配置资源，公平地满足现代人及后代人在发展和环境方面的需要，不因眼前的利益去以“掠夺”的方式促进城市暂时的“繁荣”，保证城市社会经济健康、持续、协调发展。

④整体性。生态城市不是单纯追求环境优美或自身繁荣，而是兼顾社会、经济和环境三者的效益，不仅仅重视经济发展与生态环境协调，更重视对人类生活质量的提高，是在整体协调的新秩序下寻求发展。

⑤区域性。生态城市作为城乡的统一体，其本身即为一个区域概念，是建立在区域平衡上的，而且城市之间是互相联系、相互制约的，只有平衡协调的区域，才有平衡协调的生态城市。生态城市是以人—自然和谐为价值取向的，就广义而言，要实现这目标，全球必须加强合作，共享技术与资源，形成互惠的网络系统，建立全球生态平衡。

⑥结构合理。符合生态规律的生态城市应该结构合理，即合理的土地利用、好的生态环境、充足的绿地系统、完整的基础设施，以及有效的自然保护。

⑦关系协调。关系协调是指人与自然协调，城乡协调，资源利用和资源更新协调，环境胁迫和环境承载能力协调。

2.1.4 生态城市的标准

生态城市的创建标准，要从社会生态、经济生态、自然生态三个方面来确定。社会生态的原则是以人为本，满足人的各种物质和精神方面的需求，创造自由、平等、公正、稳定的社会环境；经济生态的原则是保护和合理利用一切自然资源和能源，提高资源的再生和利用，实现资源的高效利用，采用可持续生产、消费、交通、居住区发展模式；自然生态的原则是优先考虑对自然生态予以最大限度的保护，使开发建设活动一方面保持在自然环境所允许的承载能力内，另一方面减少对自然环境的消极影响，增强其健康性。图2–2所示为生态城市应满足的标准。

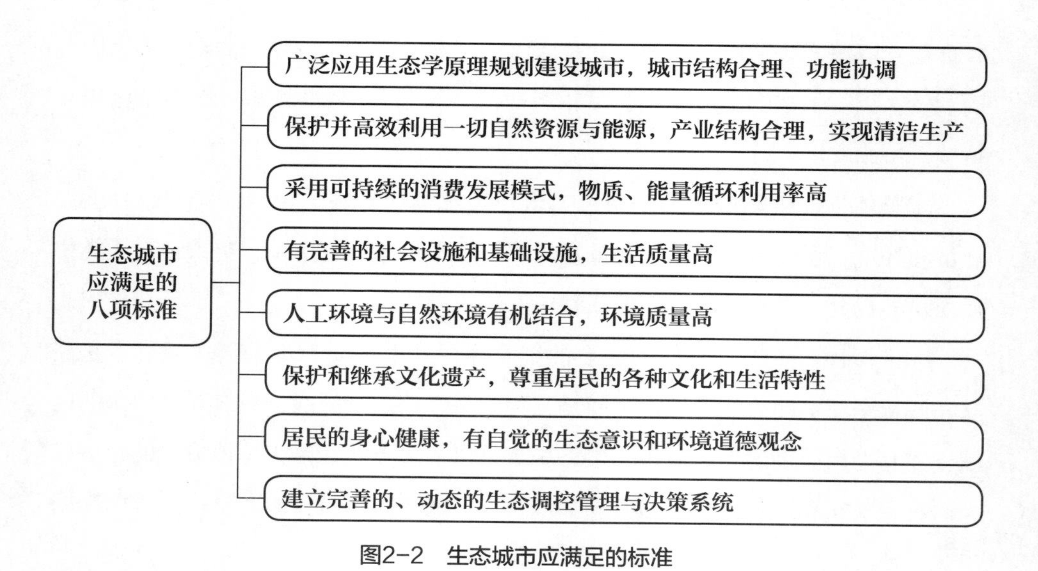

图2–2 生态城市应满足的标准

2.2 我国生态城区发展状况分析

2.2.1 相关政策支持

受国际生态城市理论发展与建设实践的影响，我国政府对环境问题愈加重视。20世纪90年代以来，住房和城乡建设部等相关部门发布了一系列与生态城市相关的政策，大大推动了我国生态城市的建设（图2-3）。

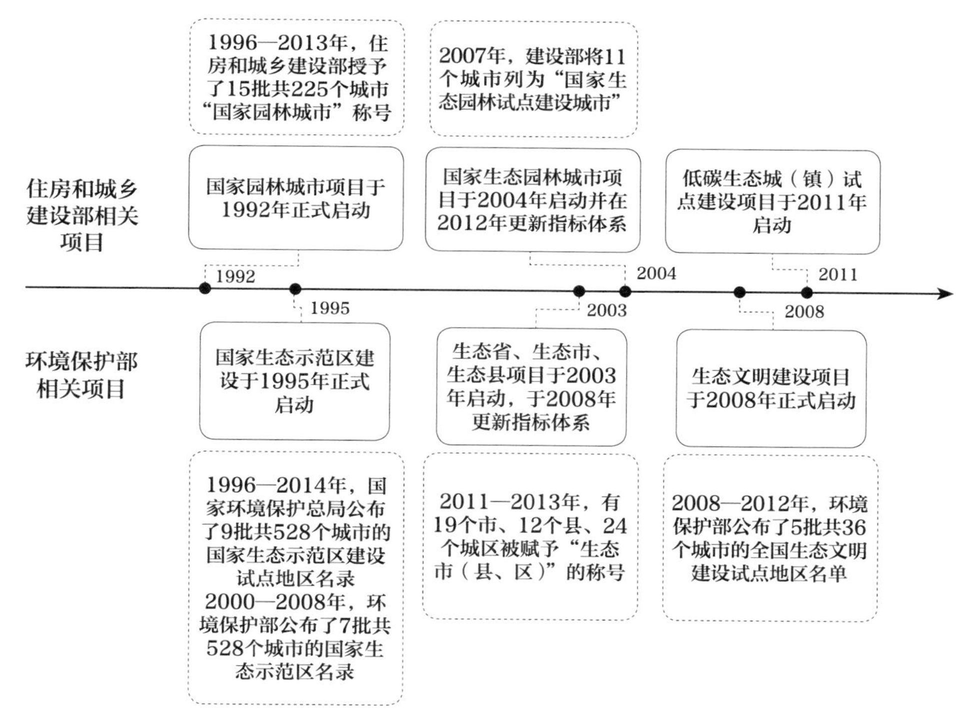

图2-3　生态城市相关项目时间表

2004年，建设部发布《关于印发创建“生态园林城市”实施意见的通知》。国家环境保护总局与建设部的一系列宏观管理政策导向，引发了中国城市生态环境建设的大潮。

2011年，《国民经济和社会发展第十二个五年规划纲要》提出了国家城镇化战略新格局，大力推进城镇化进程。随后，国家发展改革委、财政部、住房和城乡建设部相继出台了一系列节能减排与绿色建筑相关政策，推动建筑、交通、工业节能减排工作，落实新型城镇化发展思路。2011年6月，住房和城乡建设部发布《住房和城乡建设部低碳生态试点城（镇）申报管理暂行办法》，规范了低碳生态试点城（镇）申报对象，提出了低碳生态试点城（镇）申报条件、申报程序以及对申报材料的要求。

2013年4月，住房和城乡建设部发布《"十二五"绿色建筑和绿色生态城区发展规划》，提出"十二五"期间全国各城区在自愿申请的基础上，确定100个左右不小于1.5km^{2}的城市新区按照绿色生态城区的标准因地制宜进行规划建设。

2014年，中共中央和国务院联合发布《国家新型城镇化规划（2014—2020年）》，提出"绿色城市"理念，要求创新规划理念，将生态文明理念全面融入城市发展，构建绿色生产方式、生活方式和消费模式。并详细阐述了绿色能源、绿色建筑、绿色交通、产业园区循环化改造、城市环境综合整治以及绿色新生活行动等绿色城市和城区的建设重点。

2015年，党的十八届五中全会首次将"绿色"定为五大发展理念之一。同年召开的中央城市工作会议指出，城市发展要把握好生产空间、生活空间、生态空间的内在联系，实现生产空间集约高效、生活空间宜居适度、生态空间山清水秀。

2016年，《住房城乡建设事业"十三五"规划纲要》中指出"继续开展低碳生态城市、绿色生态城区试点示范，鼓励探索低碳生态城市规划方法和建设模式，及时总结推广成熟做法和适用技术"。城市绿色发展已经成为我国新型城镇化战略的核心举措。

2017年，住房和城乡建设部发布《绿色生态城区评价标准》GB/T 51255—2017，明确绿色生态城区评价应遵循因地制宜的原则，结合城区所在地域的气候、环境、资源、经济及文化等特点，对城区的土地利用、生态环境、绿色建筑、资源与碳排放、绿色交通、信息化管理、产业与经济、人文等元素进行综合评价（表2–1）。

绿色生态城区评价分项权重　　表2-1

项目	土地利用 W_1	生态环境 W_2	绿色建筑 W_3	资源与碳排放 W_4	绿色交通 W_5	信息化管理 W_6	产业与经济 W_7	人文 W_8
规划设计	0.15	0.15	0.15	0.17	0.12	0.10	0.08	0.08
实施运营	0.10	0.10	0.10	0.15	0.15	0.15	0.15	0.10

2.2.2 绿色生态示范城区建设

绿色生态示范城区建设工作可分为四个阶段。

第一阶段。2011年前，通过国际合作和签订部省、部市合作协议的方式，推进了中新天津生态城、唐山市唐山湾生态城等12个生态城试点工作。截至2012年，全国27个省（直辖市、自治区）各类“生态城”建设项目达到101项，总用地规模超过6260km^2，中国“生态城”建设项目数量与规模均居于世界之首。

第二阶段。结合低碳生态试点建设情况，为规范低碳生态试点申报工作，2011年6月住房和城乡建设部制定并出台《住房和城乡建设部低碳生态试点城（镇）申报管理暂行办法》，推进绿色低碳生态城市试点。

第三阶段。2012年9月，为了进一步加强对低碳生态试点城（镇）的支持力度，住房和城乡建设部对低碳生态试点城（镇）和绿色生态城区工作进行了整合，并联合财政部鼓励、支持绿色生态示范城区建设。2012年，住房和城乡建设部先后批准了贵阳中天·未来方舟生态新区、中新天津生态城、深圳市光明新区、唐山市唐山湾生态城、无锡市太湖新城、长沙市梅溪湖新城、重庆市悦来绿色生态城区和昆明市呈贡新区8个城市新区为绿色生态示范城区。

第四阶段。2013年4月，住房和城乡建设部制定并出台《“十二五”绿色建筑和绿色生态城区发展规划》，到“十二五”期末，全国新建绿色建筑10亿m^2；在城市规划新区、经济技术开发区、高新技术产业开发区、生态工业示范园区中实施100个绿色生态城区示范建设；在政府投资的党政机关、学校、医院等建筑中率先执行绿色建筑标准；引导商业房地产开发项目执行绿色建筑标准，鼓励房地产开发企业建设绿色住宅小区，明确直辖市及东部沿海省市城镇的新建房地产项目力争50%以上达到绿色建筑标准；“十二五”期间，完成北方供暖地区既有居住建筑供热计量和节能改造4亿m^2以上，夏热冬冷和夏热冬暖地区既有居住建筑节能改造5000万m^2，公共建筑节能改造6000万m^2，农村节能示范住宅40万套。2013年住房和城乡建设部先后分两批批准了13个城区为绿色生态示范城区。2014年有两批27个城区申请。

近年来，生态城市建设成为住房和城乡建设部对外合作的新亮点，先后与新加坡国家发展部，法国生态部，美国能源部，德国联邦环境、自然保护、建筑和核安全部，欧盟能源总司，加拿大自然资源部等开展了生态城市建设合作，中美低碳生态城市试点工作（河北省廊坊市，山东省潍坊市、日照市，河南省鹤壁市、济源市，安徽省合肥市）多次成为中美战略与经济对话的重要议题。中德双方已共同选取试点城市（河北省张家口市，山东省烟台市，江苏省宜兴市、南通市海门区，新疆维吾尔自治区乌鲁木齐市），将在城市规划、基础设施、被动式超低能耗建筑、绿色交通等多领域开展务实合作，推动试点城市实现低碳生态发展。欧盟提供930万欧元赠款支持，开展低碳生态城市发展机制研究、城市试点、服务平台建设等工作。项目已确定2个综合试点城市（广东省珠海市、河南省洛阳市）和8个专项试点城市或地区（江苏省常州市，安徽省合肥市，山东省青岛市、威海市，湖南省株洲市，广西壮族自治区柳州市、桂林市，陕西省西咸新区）。全国各省市已有139个在建生态新城项目，我国生态城市试点示范工作均取得了较大进展。

据统计，截至2020年底，全国已有共20个城区获批国家级绿色生态示范城区。从空间分布情况看，多数获批的绿色生态示范城区主要分布在沿海地区与经济发达省份。其中，北京、天津、重庆各1个，上海2个，广东4个，江苏、湖南、安徽各2个，河北、贵州、云南、陕西、浙江各1个（表2–2）。2020年，中新广州知识城获批国家三星级绿色生态示范城区，成为继上海虹桥商务区、中新天津生态城和广州南沙灵山岛生态城区之后的全国第4个最高星级绿色生态示范城区。绿色、生态、低碳已成为新兴经济地区的战略发展方向。

国家级绿色生态示范城区名录　表2-2

编号	绿色生态示范城区名称	属地	时间	备注
1	深圳市光明新区	广东省	2012	全国首批
2	唐山市唐山湾生态城	河北省		
3	无锡市太湖新城	江苏省		
4	中新天津生态城	天津市		
5	重庆市悦来绿色生态城区	重庆市		
6	长沙市梅溪湖新城	湖南省		
7	贵阳中天·未来方舟生态新区	贵州省		
8	昆明市呈贡新区	云南省		
9	肇庆新区中央绿轴生态城	广东省	2013	全国第二批
10	西安浐灞生态区	陕西省		
11	池州天堂湖新区	安徽省		
12	合肥滨湖新区	安徽省		
13	株洲云龙新城	湖南省		
14	长辛店生态城	北京市	2014	—
15	南京河西生态城	江苏省	2017	—
16	虹桥商务区	上海市	2018	3星级
17	南桥新城	上海市	2018	—
18	广州南沙灵山岛生态城区	广东省	2019	3星级
19	海盐滨海新城	浙江省	2019	—
20	中新广州知识城	广东省	2020	3星级

在实践类型方面，主要分为择址新建的绿色生态城区、既有城区的生态化改造以及灾后重建的绿色生态城区。其中，绝大多数为既有城区邻近择址新建，这一类的实践受现状因素约束较少，可将绿色生态理念及技术贯穿于规划、建设、运营全过程。既有绿色生态城区改造的实践需要结合城市更新进行，相对见效缓慢，不宜大规模开展实践，因此除了上海、深圳、北京等少数土地供需矛盾突出的地区，这类实践活动在全国开展较少。但随着城镇化进程的推进，城市发展由增量发展向存量更新转型，针对既有地区的绿色生态改造将成为主流，应在实践

方法和适用技术方面进行积极探索。

在建设规模方面，项目用地规模均较大，50km^{2}以上规模的新区项目占到近一半，多数为2012年以前经济发达地区规模建设的大规模新区，从2012年以后，20km^{2}以下规模的中小型新区项目明显增多，而且中、东、西部各区域均有覆盖，显示出国家对于新区发展政策引导的积极作用。

在开发模式方面，我国绿色生态城区开发主要采取了政府主导、市场响应、社会有限参与的模式。开发主体主要有国际合作、部市共建、城市政府主导和开发商主导四种类型。政府主导开发型主要由政府设置管委会或成立城投公司通过招商引资、土地出让、规划建设管理等手段来主导生态城区的规划建设；开发商主导开发型多是生态旅游度假、休闲养生、高端居住类的房地产建设项目。

2.3 北欧国家及其生态城区发展状况分析

北欧（Nordic Europe）特指北欧理事会的5个主权国家——丹麦、瑞典、挪威、芬兰、冰岛及其各自的海外自治领地，如法罗群岛等，本书主要介绍前四个国家及其生态城区的发展状况。北欧西临大西洋，东连东欧，北抵北冰洋，南望中欧，总面积130多万km^2，地形为台地和蚀余山地。北欧的冬季漫长，气温较低，夏季短促凉爽。北欧国家的人口密度相对较低，但经济水平较高，生活富足，福利保障完善，丹麦、瑞典等国的人均国内生产总值均居世界前列。

2.3.1 芬兰

芬兰（Finland），位于欧洲北部，与瑞典、挪威、俄罗斯接壤，南临芬兰湾，西濒波的尼亚湾。海岸线长1100km，内陆水域面积占全国面积的10%，有岛屿约17.9万个，湖泊约18.8万个，有“千湖之国”之称。全国1/3的土地在北极圈内，属温带海洋性气候。芬兰首都赫尔辛基，是世界上纬度第二高的首都，仅次于冰岛首都雷克雅未克。芬兰是一个高度工业化、自由化的市场经济体，人均产出远高于欧盟平均水平，与其邻国瑞典相当。芬兰作为世界领先的生态城市倡导和先行者，于2007年在世界率先启动生态和数字城（住区）战略，在生态城区规划建设中积累了丰富的经验。

1．首都赫尔辛基城市建设

（1）概况

赫尔辛基作为芬兰的首都，是芬兰最大的港口城市，也是该国的经济、政治、文化、旅游和交通中心。赫尔辛基面积1145km^2，人口136.2万（2011年），市区面积448km^2，人口48.4万。海岸线曲折，外有群岛屏蔽。赫尔辛基在早期规划中即应用了沙里宁的有机疏散理论，强调城市要素之间的相互协调和有机秩序原则，成功降低了中心城区的人口集聚规模并带动了周边卫星城的发展。近年来，赫尔辛基大力推进可持续城市发展，致力于建设世界级可持续建筑城市节点，充分利用城市自身的资源禀赋，发展木城（Wood City），通过应用低碳建筑材料来实现环境目标，降低气候变化所带来的影响。至今，赫尔辛基已连续多年被评为全球较宜居的城市之一和全球幸福感较高的城市之一（图2-4）。

图2-4　赫尔辛基风貌

（2）产业

赫尔辛基是芬兰最大的港口城市，全国50%的进口货物通过这里进入芬兰。海港年吞吐量约1000万t，占全国1/5。这座位于东西方之间的都市还建有全国最大的航空港，40多条国际航线通往世界各大城市。赫尔辛基是芬兰最大的工业中心，约集中了全国1/3的产业工人，主要工业部门有机器制造、造船、食品、纺织、陶瓷、印刷、木材加工等。此外，电子、造纸、食品、纺织、化学、橡胶及制材等行业也很繁荣。工厂多分布于市区的东北部和西南部，均毗邻海运码头。

（3）城市形态

赫尔辛基建在一个丘陵起伏的半岛上，两岸是美丽如画的海港，并且被几十个岛屿环绕着。城市内的湖泊星罗棋布，周围满是茂密的森林，景色十分迷人。

1）城市面貌

芬兰地处欧洲北部，斯堪的纳维亚①文化与俄罗斯文化在此碰撞。赫尔辛基许多的建筑都与圣彼得堡或莫斯科的类似。在此之前，赫尔辛基又曾经是瑞典的一部分，使它同时受到来自东方和西方的影响。19世纪初，赫尔辛基成为首都的初期，下城区的中心部分以新古典主义的风格重建。在赫尔辛基能触摸到不同于欧洲其他国家的历史痕迹（图2-5）。

赫尔辛基火车站建于1906—1916年，是20世纪初车站建筑中的珍品，也是北欧早期现代派范畴的重要建筑实例，但基本上还是折中主义的。它轮廓清晰，体形明快，细部简练，既表现了砖石建筑的特征，又反映了向现代派建筑发展的趋势。

距离中央火车站和芬兰国家剧院不远，是位于曼海姆大街34号的芬兰国家博物馆。博物馆俗称“高塔”，因为建筑中有一个耸立云霄的塔式结构。这是一座融合了中世纪教堂和城堡特色的建筑，而新艺术主义的细节丰富了观者的视觉体验，不同时代的碰撞产生了不俗的效果。

位于赫尔辛基火车站斜对角的阿黛浓美术馆是芬兰最古老的美术馆，充满欧式古风。建筑主体由新文艺复兴风格代表人物泰奥多尔·赫伊耶尔设计建造。门廊支撑着三角廊顶的4个女神像，分别代表着建筑、绘画、雕塑以及音乐这四种艺术形式。

---

① 斯堪的纳维亚（丹麦语、瑞典语：Skandinavien。挪威语：Skandinavia。萨米语：Skadesi-suolu），在地理上是指斯堪的纳维亚半岛，包括挪威和瑞典，文化与政治上则包含丹麦。这些国家互相视对方属于斯堪的纳维亚，虽然政治上彼此独立，但共同的称谓显示了其文化和历史有深厚的渊源。

赫尔辛基鸟瞰

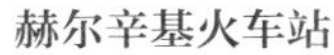

赫尔辛基火车站

阿黛浓美术馆

芬兰国家博物馆

图2-5　赫尔辛基城市面貌

2）**绿地系统**

赫尔辛基是一座都市建筑与自然风光巧妙结合在一起的花园城。在大海的衬托下，无论是夏日海碧天蓝，还是冬季流冰遍浮，这座港口城市总是显得美丽洁净，被世人赞美为“波罗的海的女儿”。赫尔辛基的陆地面积有1/3为森林和绿地，人均占有绿地面积约100m^2。赫尔辛基市区大大小小的公园面积达到17km^2。这些设施完善的公园没有围墙和栅栏，与周围的大自然融为一体，且干净整洁，管理有方，常年对公众免费开放，是普通市民工作之余休闲、娱乐的好地方。例如，赫尔辛基最大的中心公园是一条长达11km的“绿色森林长廊”，占地约10km^2，从北到南贯穿整个赫尔辛基市区，森林一直延伸到市中心。居住在闹市区的人们可以十分方便地来到大自然中进行各种户外健身休闲活动。从空中俯瞰，城市的建筑和郊区的农舍都掩映在无处不在的茂密森林之中。一片片郁郁葱葱的林木中点缀着浅色的建筑，构成充满北欧风情与魅力的独特景色。

3）交通组织

赫尔辛基是全国的交通总枢纽，交通四通八达，十分便利。在市内有运河同海洋相通，还有铁路干线在市内与海港码头和工业区相接；在市外与全国各大城市相连，航空线连接着各大都市及世界许多国家的首都。

赫尔辛基地区的公共交通四通八达，主要公共交通工具为公交车、轻轨列车、有轨电车和地铁。除公交车外，轻轨列车正逐渐成为当地公共交通的另一大主干。赫尔辛基地区有轻轨主干线近200km，每昼夜运行列车达850车次，运送乘客15万人次。一些轻轨列车底盘很低，双开门，坐轮椅的残疾人和推婴儿车的家长能便捷地进出车厢。赫尔辛基共有12条有轨电车路线，每天运送乘客达到20万人次。

赫尔辛基长期以来大力发展公共交通，其目的在于减少人们出行对私家小汽车的依赖，以减少交通对环境造成的污染和改善交通安全。为鼓励人们使用公共交通工具，国家对公共交通车票票价给予补贴，赫尔辛基地区每年人均公共交通补贴达到近170欧元。在提高公共交通的运营效率、服务质量以及安全程度等方面，各市政当局也采取了许多措施，使公共交通成为既环保、安全、舒适，又便捷、通畅、经济的出行方式，深受公众欢迎（图2–6）。

图2–6 赫尔辛基公共交通

2. 芬兰生态建设

（1）节能减排

芬兰国土面积33.8万km^2，是北京的20.6倍；人口515万，是北京的1/4，全国林木资源和水资源丰富，人均占有资源、能源远超北京。芬兰政府放眼未来，始终坚持推行节能减排理念，支持节能减排科学研究，以经济为主要杠杆鼓励企业、公民进行节能减排，极大减少了全国能源需求与消耗。经过近40年的不懈努力，节能减排已成为芬兰全民共同遵循的生活理念，相关技术、产业飞速发展，居于世界领先地位。芬兰政府对集中供热、污水处理、发电、垃圾处理及综合利用等公共事业建设极为重视，在科学规划的基础上不惜投入重金，力保工程质量，保证这些领域建设能够在促进节能减排方面发挥重要作用。为保证实现承诺的节能减排目标，芬兰政府研究制定了自愿节能协议，对自愿加入协议并经政府审核实现节能承诺的企业，给予相当比例的补贴和税收优惠；对不参加协议的企业，则采取提高税收比例等政策加以限制。基于此，芬兰率先超额完成欧盟2007年以前的减排目标，并制定了2020年节能效率提高20%、温室气体排放减少20%、可再生能源占交通总能耗10%的目标。

（2）经验与启示

芬兰本身是一个能源小国，缺乏煤、油和天然气，同时其工业的基础产业——木材加工、化工和造纸能耗大，污染严重。然而，芬兰却被誉为全球最环保的国家之一。其缘由如下。

1）大力发展可再生能源及生物质能

①可再生能源。目前，芬兰传统的化石能源虽然仍然占总体能源消耗的47%，但近年来，生物质能、风能以及水能等可再生能源已占到总体能源消耗的25%，核能的利用也已占到总体能源消耗的19%。2011年对区域供热和热电联产生产过程中的燃料消耗统计显示：煤占23%、天然气占34%、泥煤占17%、可再生能源占20%、油占3%、其他占3%。特别是可再生能源在芬兰40余年供热发展过程中已占到相当的份额，可再生能源的利用率位居欧盟前列。2008年11月，芬

兰政府批准了一项气候与能源战略，强调在今后几十年里进一步加大对可再生能源的开发力度，预计到2020年，要将可再生能源占能耗的比重提高到38%。为实现这一目标，芬兰政府将发展的重点放在了提高木材为原料的生物质能、废弃物燃料、风能、太阳能，以及地热能的利用上。

②生物质能。芬兰森林资源丰富，森林废弃物、人造能源林以及木材造纸加工业的副产品和残余废物成为芬兰生物质能的主体，并且芬兰做到了“树尽其用”，所有的伐木木屑以及森林废弃物都被送去发电厂用于发电供热。芬兰已经建立起完整的生物能源产、供、销的供应体系和400多个大中型能源工厂使用生物燃料发电供热的配套设施，特别是利用生物能源实行电热联产的发电企业，其能源效率高达80%～90%，比起单一发电企业可节约1/3的燃料，同时二氧化碳的排放量也更低。

2）强化政策激励引导

芬兰政府利用政策和资金引导环保事业的发展和节能减排工作。在芬兰，任何企业都能向政府申请可再生能源发展项目25%～40%的资金补贴，企业可以将这些补贴用于可再生能源发展项目的研究与应用。芬兰的公司可就太阳能装置向政府申领占总成本35%的补助，家庭可申领20%的补助。

为保证经济可持续发展，在积极开发多样化能源产品过程中，将核能、水电、风能和可再生能源的扩大使用作为未来能源发展的重点，对这些清洁能源的生产，政府采取多种扶持措施，包括提供津贴补贴、减征能源税等。近几年来，芬兰政府每年用于这方面的资助经费达到3000万欧元以上，推动风能、太阳能、生物气体等有利于环境的能源项目开发。

此外，芬兰是世界上第一个根据能源中碳的含量收取能源税的国家。政府通过提高相关税费标准，以促进企业和居民节能、环保。这些提高的税费包括能源税、机动车辆税、一次性用品包装税、废油处理费、农药处理费和水源保护费等。这些征收的税费，多数都用来支持发展节能和环保产业。2006年，芬兰每年收取的能源税有30亿欧元，约占全部税收的9%，芬兰政府利用能源税等收入，支持新能源技术的开发和应用，进一步提高了能源的使用效率。

2.3.2 瑞典

瑞典（Sweden），位于北欧斯堪的纳维亚半岛的东南部，海岸线长7624km，面积约45万km^2，人口965.7万（2013年），是北欧最大的国家。瑞典工业发达而且种类繁多，重工业地位突出，主要有采矿业、机械制造业、林业和造纸业，优势部门已转向技术集约度高的机械工业和化学工业，大力发展信息、通信、生物、医药、环保等新兴产业。瑞典是欧洲最大的铁矿砂出口国，森林覆盖率为54%。瑞典实行高度发达的私营工商业与比较完善的国营公共服务部门相结合的"混合经济"，以高工资、高税收、高福利著称。

瑞典不仅在服装、电器、生物技术、运输等方面颇具设计冲击力，对于绿色城市的规划更是具有革命意义。瑞典很早就开始关注生态示范村镇的建设，积极探索从节能、节地、节材和环保等方面进行统筹设计。环保产业已占瑞典产业收入可观的市场份额，据瑞典统计署估计，其年产值达到2400亿克朗[①]，就业9万人次。垃圾处理和再生循环利用系统占整个环保产业的41%，是环保业发展的最大领域。

1. 斯德哥尔摩城市建设

（1）概况

瑞典是个既古老而又年轻的国度。斯德哥尔摩是一个由海洋、湖泊和广袤的空间组成的城市，整座城市都没有什么过于高档奢华的建筑物，映入眼帘的几乎都是典型北欧风格的房屋，错落分布在尚有积雪覆盖的丛林中，别有风情，充满斯堪的纳维亚特有的味道（图2-7）。斯德哥尔摩面积约5400km^2，市区居民约80万。

（2）交通

在城市规划建设中，斯德哥尔摩受到"田园城市"理论的影响，在郊区建设

---

① 作为瑞典工业行业第一位的汽车行业，年销售额2170亿克朗。

图2-7 斯德哥尔摩风貌

了许多一家一户的田园住宅。同时，逐渐开始采用“邻里单位”的规划思想。把斯德哥尔摩建成以公共交通为主导的大城市是斯文·马克留斯（Sven Markelius）在1945—1952年城市总体规划中提出的。现在，斯德哥尔摩拥有北欧地区规模最大的城市轨道交通系统，已然成为城市发展与轨道交通协调发展的典范。以市区为中心辐射状通向几个卫星城的地铁系统，形成了完善的公共交通主骨架，共包括9条轨道交通线，地铁、轻轨和市郊铁路各3条，每条线又有多条分支延伸到市郊的各个社区，总长度超过400km，有240多个站点。其轨道交通在市区主要在地下运行，而城区外几乎都在地面上运行，形成一张四通八达的网络。此外，斯德哥尔摩是第一个实现全方位公共交通综合服务的欧洲城市。除发达的轨道交通系统外，还有四通八达的公共汽车线路。公共汽车线路400余条，超过1/4的车辆使用乙醇和沼气两种清洁的可再生燃料。斯德哥尔摩的人口中大约一半都居住在市中心，其余居民又有大约一半居住在规划的新城中，这些新城环绕在斯德哥尔摩市中心周围，通过放射状的区域轨道系统与市中心相连，居民人均年公交搭乘次数达325次。

在大多数的新城建设中，高密度的住宅区分布在轨道交通车站的周围，以最大限度地方便居民，低密度的住宅区则通过人行道和自行车道与轨道交通车站相连。不论是在实际中，还是象征意义上，轨道交通车站均是整个社区的中心。在绝大多数新城中，轨道交通车站总是位于城镇的中心。车站直接与市民广场相连，广场被商铺、饭店、学校以及社区公共设施围绕，而小汽车则禁止在该区域通行。市民广场设有座椅、喷泉和草地，常常是社区活动的聚集点，并作为休闲娱乐、社交活动以及举行某些大型事件的场所。

在用地性质上，第一代新城强调了在城内实现居住和就业的平衡，而随着时间的推移，该理念逐渐被沿轨道交通线路新城间的平衡所取代。新城本地的产业吸引了许多在外面居住的人来此工作，与此同时，新城本地的劳动力也往往在其他区域就业。目前，新城中只有不到1/3的就业者在本地居住，不到1/5的居民在本地工作，绝大部分的居民都在斯德哥尔摩工作，甚至就连在城市其他区域工作的人数也要多于在当地工作的人数。每个工作日，这样的通勤模式在整个斯德哥尔摩区域产生了大量的对流交通，成千上万的新城居民步行5分钟左右从家到达轨道交通车站，搭乘三四站后下车，再步行几个街区到达工作地点。

斯德哥尔摩经验表明，公交引导的新城发展并不需要在城市区域内制造“孤岛”。除了享有共同的区域身份外，斯德哥尔摩的卫星城还在共享劳动力资源，实现就业—居住的平衡并不是降低对机动车依赖程度的必由之路。

2．经验与启示

瑞典具有“森林王国，欧洲绿色首都”的美称，得益于在可持续发展方面的先进理念，以及具有的先进技术和有序完善的管理方法。瑞典的可持续发展主要体现在环境科技、经济能力和社会文化上，反过来，城市的可持续发展也为经济、社会和文化发展提供众多机会。二者相辅相成，互为补充。

（1）环保公共意识深入人心

1972年6月5日，第一次人类环境会议在斯德哥尔摩举行。作为探讨保护全球环境战略的第一次国际会议，此次会议通过了《联合国人类环境会议宣言》，宣告了人类对环境的传统观念的终结，“只有一个地球”的共识由此诞生。瑞典也从此走上人类与自然共生发展的生态经济道路。在20世纪80年代，瑞典的政党会为了争取更多的选票去拟定一些“绿色”政策来迎合选民。

从20世纪70年代启动征收环境税费开始，瑞典运用多项税收、减免和财政补贴等手段推进环境可持续发展。瑞典生态税收规模大，种类多，主要对能源征税以及对其他与环境有关的税基征税，以促进整个国家的生态文明建设。同时瑞典政府不仅立法对环境问题进行约束，也在财政上给予相应补贴，包括对使用环保型轿车的家庭、个人进行奖励，对于生产环保型产品也有税收的优惠和补贴政策。这使得本身就有很强环保意识的瑞典人民对于节能行为和产品更为关注。

同时，瑞典可持续发展强调公共参与，广泛征询市民意见，为市民提供适当的机会亲身参与到土地使用的决策中来，使每个居民都成为规划和建设过程中的参与者。

（2）城市建设方面的环保行为

城市可持续发展涉及城市规划、城市交通、生态学、能源应用、环境技术等学科及领域。政府部门、投资商、建筑设计公司、建筑工程公司、大学、建筑研究机构和建筑材料、设备制造商都参与其中。政府城市规划师、建筑师、创业者和其他企业之间相互合作，各个利益方协调统一，为城市的可持续发展提供了良好基础。

在建筑上，瑞典人不追求特别先进的技术和产品，而把重点放在对成熟、实用的住宅技术与产品的集成上。例如，房屋建筑的所有木料都不使用油漆，而是采用特殊方法加工，保证木料美观结实和无污染。在建筑节能方面，据统计，1970—1990年，瑞典的房屋面积从4亿m^2增加到6亿m^2，建筑面积增加了50%，但能源消耗量几乎与20年前持平。瑞典对能够自行供能的“被动式能源房”进行进一步探索，以期其成为生态城市发展的革命性创造。

瑞典绝大部分城内公交线路用车使用可再生能源，包括有轨列车、以沼气为动力的公交车等形式。瑞典还是第一个使用以沼气为动力的客运火车的国家，其生物燃料的使用率为56%，已超过欧盟规定的50%的标准，成为世界工业化国家使用生物能源比例较高的国家之一。

（3）技术支持

瑞典的可持续发展技术主要体现在“隐形”垃圾处理系统和水资源利用上，并研究物质能源的流通。

1）“隐形”垃圾处理系统

瑞典的“隐形”垃圾处理系统利用地下空间收集垃圾，是现今最环保的解决方案。许多垃圾投掷点通过地下管道，连接至一个中央收集站，垃圾通过真空输送到这里。一个高级控制系统将垃圾输送给大的集装箱，每个部分各一个。垃圾车可以不开进小区就取走垃圾集装箱，并且收垃圾工人免去繁重的举升工作。“隐形”垃圾处理系统可用于居住区、历史城区、新城规划区、写字楼、医院、机场等场所。哈马比（Hammarby）作为一个经过高度规划的、功能复合的新型社区，被设计成一座高循环、低耗费、与自然环境和谐共存的自循环环保新城，其垃圾回收率高达70%，其中家用垃圾转化率更高，能达到95%。因为其成功的环保理念，哈马比已成为全世界可持续发展城市的典范。

2）水资源利用

①节水。科学合理地使用水资源，可减少用水浪费。例如，采用节水器具和节水设备、设施，通过减少用水量、阶梯用水、循环用水、雨水利用等措施提高水资源的综合利用效率。

②废水处理。将使用过的废水经过再生净化得以回用。从生活污水中提取有机物，制成沼气用于生活燃气，沼气渣运往农村作为化肥。使用雨水、再生水等非传统水源。

3）研究物质能源的流通

瑞典在制定环境规划后，采用生物环境评估体系进行评估，进而研究能源物质的流通，使物质材料、能源的利用和流通本地化。一些区域能源站利用加工剩余的木屑作为燃料给水加热，作为热能提供区域供热，实现资源循环利用。

2.3.3 丹麦

丹麦王国（Denmark），简称丹麦，为北欧国家，拥有两个自治领地，一个是法罗群岛，另外一个是格陵兰岛。丹麦本土则包括日德兰半岛、菲因岛、西兰岛及附近岛屿，国土面积4.2959万km^2，人口数量562.8万。

丹麦位于北欧，是典型的资源匮乏型国家。但丹麦的生态城镇建设已超越了传统城市建设与环境保护协调的层次，融入了社会、文化、历史、经济、自然等因素。丹麦的城镇生态化发展已不仅涉及城市物质环境的生态建设、生态恢复，还涉及了价值观念、生活方式、政策法规等方面的根本性转变。

1．首都哥本哈根城市建设

（1）概况

哥本哈根城市中心仍保持着中世纪的街道格局，有着宜人尺度的古老建筑仍占主导地位。哥本哈根30多年来一贯奉行以减少城市中心的交通，改善使用者的环境为目的的政策。一个一度以汽车为主的城市中心，在这个过程中变得更宜人、污染更少、噪声更少。这种更亲切的新型市中心表达出了一种良好的开放性，城市现在被更多的人以新的方式使用。

（2）城市形态

哥本哈根市中心分布着以生动、迷人著称的小巷区域。虽然因为几个世纪以来的数次大火，中世纪的建筑几乎荡然无存，但街道在很大程度上没有变化。由于其中世纪的城市结构，哥本哈根具有亲切宜人的尺度。街道很狭窄，广场也相对较小，这就在建筑高度与底层区域之间建立了有趣的关系。当空间有限时，它拉近了人与人之间以及人与建筑立面之间的距离，从而产生了一种丰富的观感环境。街道仍沿着既有的路径延伸，很有意思地弯来拐去，也相当狭窄，增添了街道的趣味性和特有的魅力。

哥本哈根坐落于一个日照角度很低并经常有风穿过的地方，那些密集而均匀的建筑群引导着风越过城市，而那些小空间和弯弯曲曲的街道更加强了这种效果。即使建筑物之间有风吹过，它也会变得比在城外温和得多。建筑高度相对较低，使得阳光更容易照到街巷与广场。这些因素综合起来，使市中心的气候比其他地方更加柔和、更加宜人。

（3）交通

多年以来，哥本哈根市政府的政策是保持交通流量的稳定。这项政策是很成功的，在过去的几十年间，哥本哈根市的汽车交通量总体上几乎没变过。城市中心以外的交通流量有所增加，而市中心交通量却有所减少。居民数量的稳定和工作场所略有减少是重要的因素。

在哥本哈根市区，为了提供一个全城范围内的舒适而安全的路线，自行车交

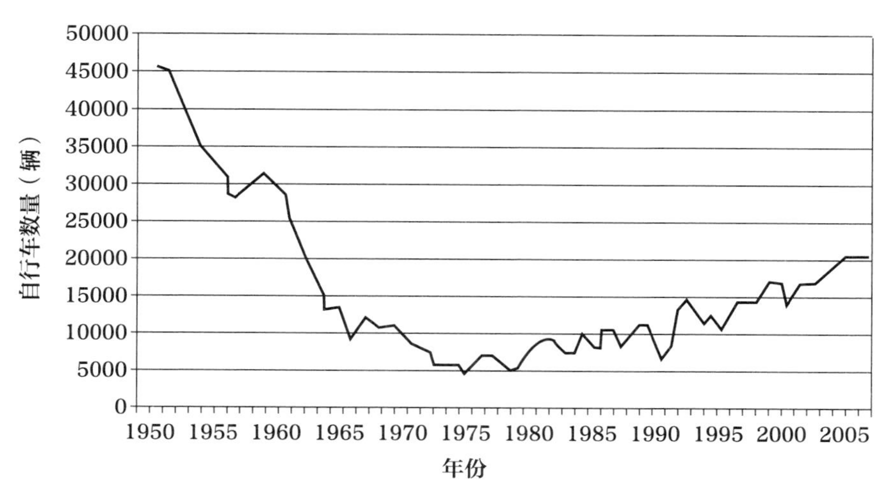

图2-8　1950—2005年哥本哈根工作日6：00～18：00进出市中心的自行车数量

通有了进一步扩充，所有街道都划定了自行车道。在十字路口设立了平行于原有人行横道的自行车用横道。一些自行车线路占用了路边停车场或车行道，这样，在鼓励了使用自行车的同时，也限制了汽车交通。自20世纪70年代末至今，哥本哈根政府推行了一系列促进自行车交通复兴的政策和项目，成功遏制了自行车交通下滑趋势，并实现了令世界惊叹的“V形”增长（图2-8）。自行车作为往返于哥本哈根市中心的交通模式，从1970年开始增长了65%。哥本哈根城市自行车系统有125个车场平均地分布于市中心周围。市自行车系统只适用于市中心，它要求人们不能把自行车带到其他地方，否则给予罚款。该系统的费用来自自行车上及车站上的广告，也有一部分赞助。

1980年，哥本哈根市政府通过了第一个自行车网络规划，该项规划由丹麦骑车者联合会于1974年提出。1997年，政府出台《交通与环境规划》，明确了抑制小汽车交通增长、大力发展自行车和公共交通的总体目标。2000年，政府出台《城市交通改善计划》，对哥本哈根市自行车发展目标进行细化，并为同年通过《自行车道优先计划》和《自行车绿道计划》等具体实施项目奠定了基础。2001年，政府出台《哥本哈根交通安全规划》，提出2001—2012年期间将自行车事故死亡率降低40%。至此，自行车已经逐步融入哥本哈根城市规划管理工作的各个层面。

2002年，哥本哈根政府发布《自行车政策2002—2012》，第一次围绕发展自行车工作制定了一揽子计划，并提出九大“抓手”，包括：建设自行车专用道、设置自行车绿道、改善城中心区自行车环境、加强自行车与公共交通接驳、改善自行车停车设施、优化交叉口设计、加强自行车道的养护、保持自行车道的清洁和重视宣传教育。2007年，政府在《生态都市》远景纲领中，正式提出要将哥本哈根建成“世界自行车最佳城市”，到2015年力争使本市自行车通勤分担率至少提高到50%。2012年夏，政府发布《气候规划》，提出到2025年将哥本哈根建设成为世界第一座碳中和城市，并再次重申50%自行车通勤分担率的宏伟目标，将发展自行车作为交通领域的减排重点。

哥本哈根步行系统的一个显著特征是，在多年来被辟为步行者使用的总面积中，市中心的18个广场就占了2/3。在夏季工作日的10：00～18：00有大量市民沿斯特勒格街（中间段）步行。步行街的基本网络在1973年已建成，此后的工作都致力于创造新的汽车禁行的广场或是改进现存广场的条件。这项政策促进了在休闲方面对于城市的利用。它不但邀请人们在城市中流连，更唤起了人们享受好时光的愿望。

2．经验与启示

（1）政策法规

丹麦是世界上较早设立环境部的国家之一。丹麦环境保护局隶属于环境保护部，它以防御方针为主导，在保障环境免受污染，促进该国可持续发展方面起了重要作用。丹麦环境保护局的工作原则是服务、合作、质量和专业化，主要工作是执行以《环境保护法》为中心的一系列法律和条例。其中，《环境保护法》设定了基本目标和达到这些目标的途径以及环保局的行政管理原则。环保局也执行其他一系列法律条例，如《化学物质与产品法》《废弃物处理法》以及《海洋环境法》。丹麦环境保护法律建立在民众充分理解和自发遵守的基础上，实际工作和对具体问题的处理都必须与民众紧密结合。丹麦环境保护的四大领域是：水、空气和噪声、土地和固体废弃物、化学品和农药。丹麦政府分别针对各个领域的不同特点，制定和采取了不同法律法规。

在宏观环境保护政策方面，丹麦政府从八个领域整体、综合性考虑环境策略。这八个领域分别是种植业、渔业、工业、建筑、交通、能源、服务和家庭，对丹麦环境有不同程度的影响。它们不仅是污染的八个主要来源，也是八个需要切实解决的环境问题的着手点。丹麦在上述八个领域内环保行动的共同点是积极地与参与者保持对话，以便找出目标明确的手段，支持永久持续性生产和消费模式。整体、综合性环保政策从一个新角度来看待解决环境问题的方法，由此使环保工作找到了捷径，抓住了问题的根本。其策略就是组织一切有关方面的力量，通过对话和合作的方式开展环保工作。同时，一些辅助计划也应运而生，如帮助丹麦工商界掌握环保管理、产品评估与开发、采购政策和废弃物管理相关的知识、方法和工具。

丹麦政府注重通过立法保证能源节约和提高能源效率，2000年通过了《能源节约法》，2004年12月进一步修订了节能法规，大力促进建筑和工业节能，提倡使用节能家电，培养公民和整个社会的节能习惯，目标是到2025年将能耗水平保持在目前状态。另外，在节能方面政府通过对能源实行高税收，加之推行严格的建筑标准和进行大量的宣传，使节能成效显著。在环保政策方面，丹麦也越来越多地使用环保税来进行调节。环保税包括能源税、污染税、资源税和交通税。这些税收占了丹麦税收总额的约10%。2018年底，丹麦政府根据欧盟“循环经济中塑料利用新战略”出台了行动计划，该计划包括27项内容，其亮点是建立国家塑料研究中心，在科研的基础上指导塑料利用。行动计划还包括实行全国统一的塑料垃圾分类和收集，禁止使用薄型一次性塑料袋，使塑料产品重复使用更加简化。另外要建立有效机制，对塑料包装材料的来源进行倒追踪，以便对生产商追究责任。同时加强对生物塑料产品的优劣研究。

（2）能源生态利用

丹麦在风力发电、生物能发电方面，是世界可再生能源发展的先驱国家之一。丹麦政府力求通过各种措施，扩展城市范围，在社会、经济、自然等方面建设一个复合的城市生态系统，进一步延长城市生态链。

在能源生态方面，前几年由于对能源的利用不当，丹麦出现了严重的温室效应，环境有所恶化，这也使丹麦政府更看到其特色环保能源——风能在实现可持续发展中的重要作用。在丹麦，随处可见转动的乳白色三叶风轮。丹麦也跃升为世界上风能发电大国。到2000年6月，丹麦共安装了5947台风力发电机组，总容量为200万MW，仅次于德国和美国，位于世界第三位。风电发电量已超过丹麦总用电量的10%，相当于2个中等规模的核电站发电总量。为使风电这种环保能源投资具有吸引力，丹麦政府实行了各种形式的优惠政策，对风机制造厂商和风电场业主给予直接补贴、税收优惠和资助等激励政策。由于政府的支持，丹麦80%的风电机组是通过私人以及私人之间合作投资安装的。这对丹麦的环境起到了极大的保护作用，也进一步促进了丹麦的生态城镇建设。

在大力提倡节能的同时，丹麦整个能源业的二氧化碳排放持续减少（图2-9），由1990年的5270万t减到2005年的4940万t。生产每度电排放的二氧化碳则由1990年的937g减少到2000年的623g，再减少到2005年的517g。

2012年，丹麦议会通过了能源协议，宣布到2050年，丹麦将完全摆脱对化石

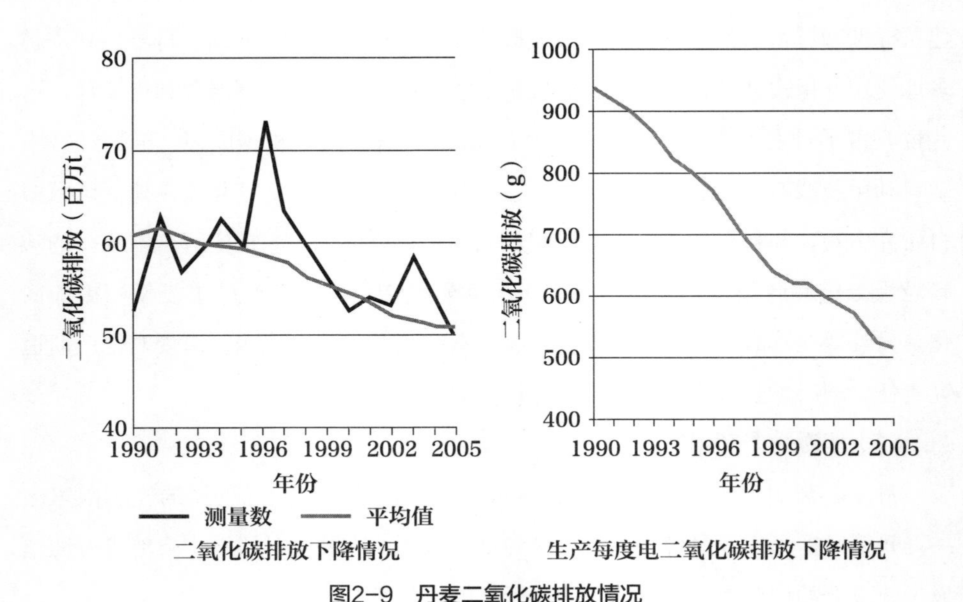

图2-9 丹麦二氧化碳排放情况

燃料的依赖；2018年又通过新能源协议，承诺到2030年实现可再生能源占总能耗的55%以及电力系统100%使用可再生能源。丹麦电力消耗的50%来自新能源，其中，风能占据总用电量的46.9%，太阳能为3.1%。这一用能比例仍将逐年提升。丹麦最大的海上风场，也是斯堪的纳维亚地区最大的海上风场——荷斯韦夫（Horns Rev）已于2019年8月正式全面投产，其装机容量为406MW，可满足42.5万户丹麦家庭年用电量。该风场的投产将丹麦风力发电量提高了12%，也进一步奠定了风能在丹麦绿色转型中的地位（图2-10）。

此外，2005年丹麦政府发布《2025能源计划》，对2025年之前丹麦的能源发展和将来的电力设施情况作出了规划和评估，2014年，丹麦制定《自行车上的丹麦——国家自行车战略》，大力推行低碳出行，已经有96%的哥本哈根居民步行15分钟就能看到绿化或海景；2015年，已有50%的哥本哈根居民以自行车作为主要的交通工具（图2-11）。基于此，哥本哈根也是唯一一个被欧盟授予2014年“欧洲绿色首都奖”的城市，该奖项用以奖励其在欧洲城市生态创新方面所起到的积极作用。

（3）丹麦的循环经济

丹麦是实施循环经济较早的国家之一。丹麦于1991年6月颁布了新的环境保护法——《污染预防法》，这一法案在清洁工艺和回收一节中规定：①对通过采用清洁工艺和回收利用而大幅度减少对环境影响的研究和开发项目提供资助，并对清洁工艺和回收利用方面的信息活动给予资助；②对某些会给公共行业或社会

图2-10　丹麦风力发电

图2-11　丹麦低碳出行

整体带来效益的项目可提供高达100%的资助；③对其结果属于应用性的项目和研究提供不超过75% 的资助；④对工厂中回收研究项目提供25% 的资助；⑤对用于收集所有类型废物设备进行的研究可提供高达75%的资助。

丹麦政府鼓励发展分布式能源，对于分布式能源制定了一系列行之有效的法律、政策和税制并采取了一系列明确的鼓励政策，先后制定了《供热法》《电力供应法》和《全国天然气供应法》，并对相关各项进行了修正，在法律上明确了保护和支持分布式能源发展的立场。《电力供应法》规定，电网公司必须优先购买热电联产生产的电能，而消费者有义务优先使用热电联产生产的电能（否则将作出补偿）。1990年丹麦议会决议，1MW以上燃煤燃油供热锅炉强制改造为以天然气或垃圾为燃料的分布式能源项目（热电站），对此类工程的建设给予财政补贴并辅以银行信贷优惠。在供热小区中，对热电工程给予利率2%、偿还期20年的信贷优惠，对天然气热电站给予30%的无息贷款，给予0.07丹麦克朗/（kW · h）的补贴。

除石油和天然气外，丹麦其他矿藏很少，所需煤炭全靠进口。虽然1972年北海油田的开发使丹麦能源实现了自给，并且使其成为欧洲第三大石油输出国，但为了环境的保护，丹麦仍然致力于可再生能源的开发和利用。丹麦政府1976年启动可再生能源的研发工程，对特定项目进行补贴，并集中专业人才组建了强大的研发队伍。政府还为大量的测试站及示范项目提供资金支持，通过补贴设备价格对可再生能源的项目投资给予补贴。丹麦秸秆发电、风能、太阳能等可再生能源的发展，与政府的财税扶持政策关系密切，如秸秆发电免缴环境税。

丹麦循环经济的发展主要体现在卡伦堡生态工业园的建设和发展。丹麦的卡伦堡生态工业园至今已稳定运行40余年，是世界上较早且运行很成功的生态工业园，年均节约资金成本150万美元，年均获利超过1000万美元。同时，通过各企业之间的物流、能流、信息流建立的循环再利用网不但为相关公司节约了成本，还减少了对当地空气、水和陆地的污染。作为一种生产发展、资源利用和环境保护形成良性循环的工业园建设模式，卡伦堡生态工业园的基本特征是：按照工业生态学的原理，通过企业间的物质集成、能量集成和信息集成，形成产业间的代谢和共生耦合关系，使一家企业的废气、废水、废渣、废热成为另一家企业的原料和能源，所有企业通过彼此利用“废物”而获益。

2018年，丹麦环保部门启动了《循环经济行动计划——2020—2032年国家废物预防和管理计划》，开始特别关注在减少环境和气候影响方面具有巨大潜力的三个领域：生物质、建筑和塑料。

（4）丹麦人的环保意识

丹麦市民的环保意识很强。在所有社会团体中，群众自发组成的支持环保的环保党派人数最多，平均每7个丹麦家庭中就有一个是丹麦环保组织的成员，保护环境成为每个公民自觉的行动。丹麦的家庭都会同时准备两个垃圾桶，从而把有机和无机垃圾在源头上进行分离，丹麦人会为不小心将垃圾投错地方而感到惭愧。例如，当顾客在商店购买啤酒或汽水时，需要交纳押金，退瓶时退还押金。这种方法也适用于其他类似物品，如汽水包装盒子、标准的红酒白酒瓶子等。至于那些未交纳押金购买的饮料，用完后，人们会自觉将包装瓶子投入专门回收瓶子的容器，以便重新融化成玻璃循环利用。据悉，丹麦99%以上的啤酒瓶和汽水瓶实现了再循环，创造了世界纪录。

2.3.4　挪威

挪威（Norway），位于斯堪的纳维亚半岛西部。挪威领土南北狭长，海岸线漫长曲折，沿海岛屿很多，被称为“万岛之国”，与瑞典、芬兰、俄罗斯接壤，领土还包括斯瓦尔巴群岛和扬马延岛，首都为奥斯陆，总面积38.5万km^2，人口约500万。

挪威是一个狭长的沿海国家，水利资源十分丰富。年降水量一般在600～1000mm之间，河流、湖泊均属山溪性雨源型，可利用的水利资源约为1300万kW。政府在许多河流和湖泊上投资建立大型的水力发电站，按人均计算的水力发电量居世界第一位。在挪威，做饭烧水、取暖用电，实验室和办公的整幢大楼都是用电取暖、用电加工午餐；停车场的路边也安装着一排排电源供汽车充电用。挪威虽然盛产石油，但挪威的水电更发达，电价很低且环保无污染。同时，为了保护本国的环境质量，挪威还向可能会对自己产生影响的国家提供清洁能源，如天然气和电力等。

1. 首都奥斯陆城市建设

（1）概况

据说，奥斯陆（Oslo）原意为“上帝的山谷”，又一说意为“山麓平原”。奥斯陆位于曲折迂回的奥斯陆峡湾旁，背后是巍峨耸立的霍尔门科伦山，这里既富有海滨城市的旖旎妩媚，又极具依托高山密林之地所特有的雄浑气势。城市周围的丘陵上长满了大片的丛林灌木，大小湖泊、沼地星罗棋布，山间小道交织成网。自然环境十分优美。全市已开发建设的面积仅占总面积的1/3，大部分地区仍处于自然状态（图2–12）。

图2–12　奥斯陆风光

奥斯陆有62.5万居民人口，是全国最大的经济、文化和以知识为基础的枢纽。2012年，奥斯陆人口增长率为1.7%。人口增加是大量移民和高出生率综合的结果，移民总数占到奥斯陆总人口数的28%。到2030年，奥斯陆的人口预计有近20万增长。因此，奥斯陆正规划新建约10万套新住宅。

（2）产业

奥斯陆市政建设注意保持浓郁的中世纪色彩和别具一格的北欧风光，市内没有林立的摩天大楼，街道两旁大多是六七层的楼房，建筑物周围是整齐的草坪和各色的花卉，在金色的阳光照耀下，绚丽多彩。奥斯陆是挪威的航运和工业中心。

2．经验与启示

（1）充分利用丰富的能源资源

挪威国土面积为38.7万km^2，海岸线长2.1万km（包括峡湾），多天然良港。斯堪的纳维亚山脉纵贯挪威全境，高原、山地、冰川约占挪威全境的2/3以上，其南部小丘、湖泊、沼泽广布，大部分地区属温带海洋性气候。挪威的地理位置和自然状况都为挪威提供了丰富的能源资源。

挪威拥有丰富的油气资源，为西欧最大的油气资源国。截至2005年底，挪威石油探明可采储量为97亿桶，天然气探明可采储量为24100亿m^3。油气工业在挪威能源生产中占有举足轻重的地位，也是挪威经济的重要支柱之一。2005年挪威油气工业总产值占到了GDP的22.5%；2006年，挪威的油气工业生产原油11668.9万t，占当年全国能源生产总量的49.98%，生产石油产品（如汽油、煤油等）3017.6万t，占当年全国能源生产总量的6.41%，生产天然气和其他气体（如沼气、瓦斯、燃气等）分别为9235.7亿m^3和127.7万t，占37.28%，上述三者共占当年挪威能源生产总量的93.67%（图2–13）。

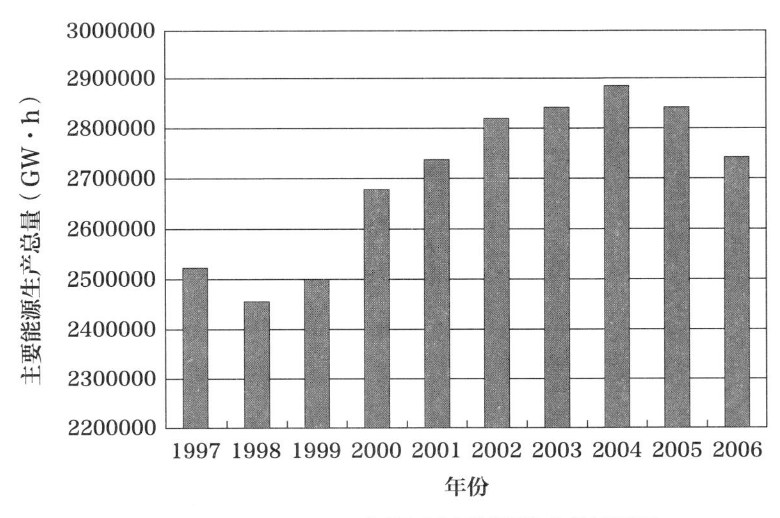

图2–13　1997—2006年挪威主要能源生产总量情况

挪威境内的再生能源主要系水力，其电力几乎都来自于水力。挪威近年来也逐渐重点发展风力和生物质能，相比于2008年，挪威2009年再生能源的比例减少了9%，占能源总量的46%。水力占再生能源总量的89%，相对稳定的其他再生能源分别为生物质能（8%）和废弃物利用产生的能源（2%）。在热力方面，来自再生能源的热力主要是木材为住宅供暖，在该领域，生物质能利用稳定增长，地区供热的供能量增长迅速。

挪威是世界上人均水资源较丰富的国家之一，水电资源可开发量3800万kW，开发水电资源条件得天独厚，水电装机容量2830万kW，水能发电的比例占到发电总量的99%以上，其水电年均发电总量在世界排名第六，在欧洲排名第一。2006年挪威电能生产总量为1217亿kW·h，占当年全国能源生产总量的5.14%，其中约98%为水电。

目前，挪威的水电发电量占发电总量的96%以上，不仅能满足国内生活和生产需要，还出口到瑞典、荷兰和德国等国家。为保证水电的可持续发展，挪威政府针对水电的开发，颁布了《工业特许权法》《河道管制法》《水资源法》等并设立了许可证管理等制度，严格限制私人投资者对水资源的破坏性开发，确保国家对水资源最大限度的开发和保护。此外，挪威能源战略尤其注重协同管理，据2020年数据统计，挪威国内一次能源消费中水电和油气合计占比达到96.9%，其中水电、石油和天然气占比分别为67.4%、21.3%和8.2%。

（2）能源开发战略与政策

挪威政府充分考虑到本国能源资源的特点，并注重能源生产和环境保护的协调发展，来制定资源、环境和经济社会的可持续发展战略。现阶段，挪威能源政策以促进经济增长和实现环境可持续发展为核心，大力开发利用可再生能源和新能源，开发清洁能源技术并提高能源效率。

①充分利用但不依赖本国油气资源，力争获取资源效益最大化。挪威的石油、天然气资源非常丰富，经过近40年的发展，其油气工业已成为挪威的第一大工业，在挪威经济甚至世界能源市场、欧洲能源市场上均占有重要地位，但挪威政府认识到这些资源终有枯竭的一天。在不断提高油气资源的生产和利用效率的

同时，挪威大部分油气资源用于出口创汇，而国内能源需求则更多地利用水电、生物能等可再生能源。

②重视可再生能源。挪威始终把开发利用可再生能源和新能源作为解决能源安全问题的重要途径。挪威的可再生能源（包括水电、生物质能、潮汐能、太阳能、风能[①]）利用比例占能源总消耗的近60%。挪威非常重视生物质能的开发和利用，在过去的30年间，其生物质能的利用量逐步增长，年均增长约为3%；2006年，挪威生物质能的生产总量为121.7万t，占当年全国能源生产总量的0.52%。如今，挪威的可再生能源利用比例占能源总消耗的近60%，其中电能利用占50%（98%为水电），生物质能占6%。挪威政府在2017年提出新的海洋战略，该战略从挪威作为海洋国家的历史出发，侧重于海洋地区的可持续利用和发展。

③注重能源节约和提高能源利用效率。20世纪70年代起，挪威就把节能作为能源政策的一部分。当前，挪威的主要节能措施有：引进信息性电力账单系统，明确电力消费情况，促进能源节约；实行建筑节能新标准；推广能源标识制度；通过税收政策来促进能源节约。同时，挪威政府大力控制交通能耗，加大开发提高交通能源效率的技术，开发其他可能的替代燃料，如生物燃料、天然气和氢等。

④重视能源领域的技术开发。挪威政府一直非常重视能源领域的技术进步和研究发展。由于研发资源有限，挪威政府很注重发挥自己在能源研发上的特长，注重研发技术的商业应用，注重长远利益的实现。挪威能源领域的研究开发主要由挪威石油和能源部资助，研究领域涵盖了基础研究、工业研究和社会研究。目前，挪威能源领域的国家研究计划主要包括清洁能源、燃气发电技术、能源与水资源管理四个方面。此外，挪威还广泛参与国际上能源领域的研发合作，以及与欧盟、国际能源局和北欧国家的能源研究合作。

⑤废弃物和再利用。通过降低垃圾生成总量、增加再循环利用和确保环境友

---

① 挪威海岸线长，具有利用风能的潜力，尤其沿海一些地区的年均风速达到8～10m/s，大大高于以风电著称的丹麦和德国。

好型垃圾最终处理，最大限度地减少废弃物对人类和环境造成的危害和妨碍，同时最大限度减少用于废弃物管理的资源。挪威在制定废弃物政策与措施时，遵循四条原则：污染者赔偿原则应遵守；强调预防原则的重要性；措施建议应以其对社会经济影响评估为基础；节省成本措施将是首选。

（3）完善的法律法规体系

挪威自20世纪60年代中期发现石油以来，海洋污染十分严重。进入20世纪70年代后，国家加强了监管力度，建立了全国性的监测机构和监测网络，还同欧盟签订了一些针对不同污染物的协议；建立并完善了包括排污许可证在内的一系列法律、法规，真正实现了谁排污、谁交费。同时国家污染控制署也对企业进行监督和监测，以规范企业的行为。立法和行政管理在挪威的能源开发、环境保护、污染控制、可持续发展方面发挥的作用尤为突出。在挪威，涉及能源管理的主要部门有环境部、石油和能源部、水资源与能源理事会等。挪威环境部不仅负责传统意义上的自然保护和污染控制，还监督国内的资源开发和利用活动，确保所有的活动不给自然生态带来不利影响。同时，挪威人均汽车的保有量居世界的前列，但空气质量却非常好。挪威政府采取强有力的措施，每两年就要对车辆化油器进行检测，达不到要求的立即更换，对旧车交易施行高税额制，以限制旧车买卖，鼓励人们使用新车；挪威政府大力发展和提倡没有污染的环保型汽车。

挪威政府十分重视各个层次的法律、法规的制定，既有综合性的法律，也有专门性的法律。挪威在水电发展方面的法律法规主要有《水资源保护和管理规划》《工业特许权法》《水道规划法》《水资源法》等；在能源发展方面的法律法规有《能源法》《规划和建设法》《竞争法》和《天然气法》等；在环境保护方面的法律法规有《自然保护法》《污染控制法》《文化遗产法》《产品控制法》《野生动物法》《水产养殖法》等。

（4）公民自觉保护环境的意识

20世纪60年代，发现和开采北海石油使得挪威的经济实力迅速增长，人们生活水平提高了，环保的意识也在逐步增强。在短短的20年时间里，挪威人对环境的爱护由被动转为主动，环境意识由强制转为自觉。近几十年来，挪威政府把对于环境保护的意识和观念的教育贯穿于国民教育的全过程，使人们从小就形成保护环境、爱护环境的意识。“保护环境光荣、损害环境可耻”已经成为人们自觉的观念，和其他的法律法规一样[63]，环境法律法规同样是至高无上的，是必须自觉遵守和履行的。

第3章

北欧生态城区解析

北欧国家环境政策在世界范围内处于领先地位。20世纪70年代，北欧国家开始系统地治理环境问题。在此背景下，北欧建立起一系列的生态城区，其规划、建设、运营对我国生态城区的建设具有重要的参考价值和借鉴作用。

3.1 芬兰赫尔辛基维基生态社区

3.1.1 概况

维基（Viikki）生态社区属于赫尔辛基的一个区，聚集了科研机构、大学，以及诺基亚等高科技公司，是产城结合的一个典范性城镇。赫尔辛基维基生态社区位于芬兰首都赫尔辛基东北部，是1994年在芬兰环境部、国家技术局和芬兰建筑师协会三方的推动下启动的。

1992年，为提升城市的开发密度和现有基础设施的使用强度，赫尔辛基在城市规划的框架下确立了一系列的基本原则，并在此背景下启动了维基实验新区的开发和建设；而赫尔辛基长期以来财产政策所拥有的鲜明公有导向——81%的建设用地为社会所公有（其中65%归城市所有，16%归政府所有）——也确保了该项目的顺利实施和逐次展开。

维基生态社区占地11.32km^2，距离市区8km，距离机场约20分钟车程，有高速铁路连接瑞典，城市以公路交通为主。实验区周边是生态保护区，以科技园为中心，周围除了生态住宅区、木结构公寓示范区，还有相应的公共设施，如儿童护理中心、综合学校、两个护理中心、一个地区商场和其他设施及生态公园（图3–1）。其中居住区5万人，科技大学城6万人。维基生态社区是将生态理念、生态原则与实际工程长期结合的结果。它的目标是建构完善的都市结构、密度、

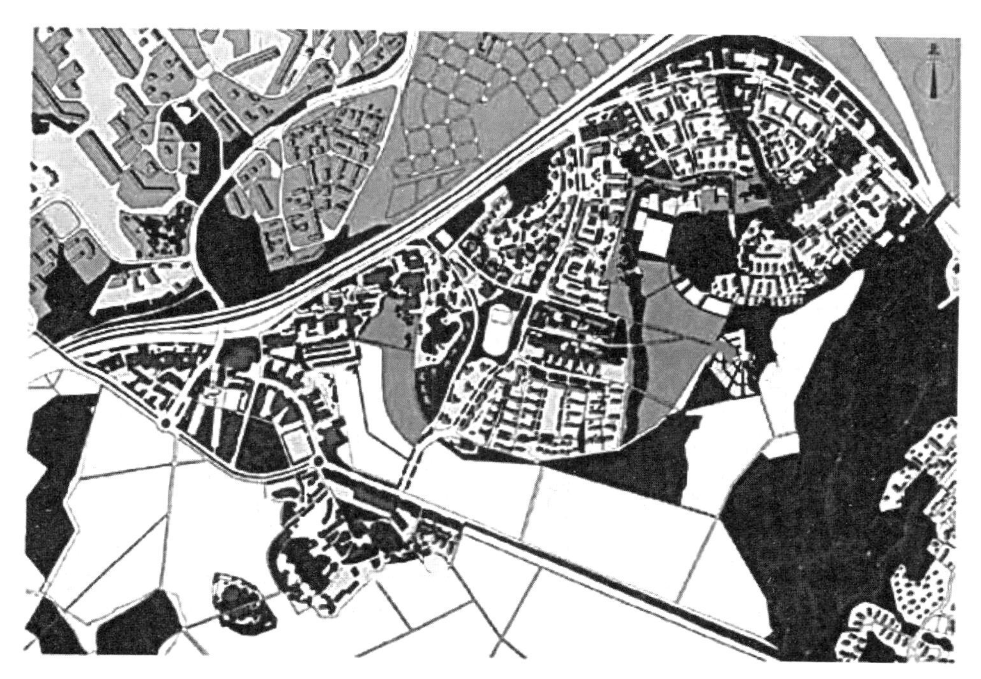

图3-1　维基生态社区规划图

功能和经济性，避免使用不可再生能源和消耗未深加工的材料，保护生态系统，如土壤、植物区系与动物区系，防止废弃物、辐射及噪声污染。

3.1.2 项目定位

芬兰作为高科技产业国家，虽然只有520万人口，但在信息科学、生命科学、能源和再生能源科学、新材料、空间科学、海洋科学、环境科学及管理科学等领域，都在全球占有一席之地，并且在很多领域拥有尖端技术，取得了令人瞩目的成绩，走在世界前列。

自20世纪80年代起，芬兰政府就开始重视对生命科技产业的投入；20世纪90年代初，芬兰政府制定了加速发展生命科学技术的战略，加大了对生命科技研发的投入。目前，芬兰生命科技产业每年公共研发投入约2亿欧元，相当于公共研发投入总量的13%。现在，芬兰已成为欧洲生命科技领先的国家，在诊断、生物制药、生物材料和工业酶等领域具有较强实力。芬兰共有约150家生命科技公司，占欧洲生命科技公司总数约7%（芬兰人口仅为欧洲的1%），其中，75%的公司成立于20世纪90年代后，25%的公司成立于21世纪。芬兰生命科技产业从业人员约1.3万人，全芬兰共建有5个生命科技和工业园。

维基生态社区科学园区有3000名学生在学习生命科学或者生物技术，芬兰唯一的农林学院也设置于此。其他科学研究单位包括生物化学研究所、微生物研究所、动物生理学研究所、环境研究所、药物研究所和赫尔辛基大学生物技术研究所。该园区已经成为欧洲第二大生物技术研究中心、欧洲研究领域最宽的生命科学研究基地。同时，该园区将政府机关、高校和私人企业有效地凝聚起来，出于在居住功能、自然资源和科学园之间达成协调的目的，从而建立起一种亲密的合作关系。

3.1.3 规划设计

维基生态社区主要由以生态为主题的居住区、自然开发区、科学园区以及商业服务设施等共同构成，是赫尔辛基近年来运用生态理念进行实验性开发的大型项目，旨在创建一处涉足生物科学和技术、农艺和农业领域的国际化实验区的同时，打造一片生态型的宜居环境。居住区位于基地东侧和东北侧的拉托卡塔诺一带，目前已由北至南建成三大片组团，同时，还依山傍势排布了许多点式住宅，是整片新区占地最大的功能块（图3–2）。维基生态社区的居住区规划采用了由绿色廊道所切割的街区式布局，特点如下。

1．社区空间布局

维基生态社区的居住区采取的是芬兰地区典型的院落形式：围合院落的西端和北端住宅一般高达4～6层，向南的住宅则不超过2层；然后通过次一级的街巷空间将各院落串接起来，各家各户均需通过院落方能进入建筑。由此围合而成的

图3-2　维基生态社区鸟瞰

图3-3　维基生态社区居住区布局

半公共空间不但可以在不遮蔽日照的同时挡住主导的南向风，创造出宜人的小气候，还可以作为整个院落共享的公共活动空间，促成社区内部的交流和联系以及凝聚性、归属感的形成（图3-3）。

2．绿地系统

居住区采用了“指状结构”，即一根根绿色手指从主骨架上伸出，分别渗入住宅所围合和界定的庭院和街巷中，贯穿绿地系统的是一套同城市公路相分离的步行体系和自行车专用道。绿色植物把整个社区缠绕在一起，种植树林和灌木形

图3-4 维基生态社区绿地系统

成过渡带，可以减少风的影响，创造出积极的小气候；绿化停车场，用攀藤植物“爬”出屏风，连别墅和公共道路之间的栅栏都被抬起来，让植物可以流动；在周边建立大片的植被覆盖区，同时保持高水准的物种多样性（图3-4）。

原先横穿规划用地的一条溪流，现已按照规划改道移边，从居住区一侧50~100m的地方流淌过，总长740m，不但为特殊植被和野生动物打造出特定的家园环境，还为高校和科研提供了工具和素材。

3．交通组织

社区的交通组织情况为：人车分流，将机动车交通降至最低；依靠强大广泛的交通网络，在内外联系上推行高效的公共交通系统。对此制定的交通措施包括：以高比例的步行交通和自行车交通作为组织的重点，按每人一辆自行车的比例提供工作场地和服务设施；重点规划和大力发展公共汽车、火车及未来的有轨电车交通；庭院同时是主要交通的承载区域，行人和交通工具均可平等地共享这一空间；所有的停车位均设在地面层；按住宅面积95~190m^2/辆的标准配置充足的停车空间，随处可见沿街停放的车辆（图3-5）。

4．社区层面的生态规划

维基生态社区的生态规划运用了“生态邻里”理念，采取了雨水收集、污水处理、废弃物回收利用、保温处理、新能源利用、园艺绿化、交通组织、室内新

图3-5　维基生态社区交通情况

风系统等绿色技术，保证了住宅区的良好运转。

（1）**水处理**

在住宅组团之间建设生态通道，为雨水提供渗入地下土层的自然选择，并结合设置灌溉水池和中水过滤池；所有的雨水均通过地表自然排放，如居住区采集的雨水就是先导入三个灌溉水池，再直接排向植被丛生的湿地；屋面采集的雨水经过滤后，也导入灌溉水池；通过控制排水来保持现有场地的水平衡，以在设计上消除洪涝隐患；小规模地分离和利用中水，中水在放入灌溉水池或是再利用前进行净化处理。

（2）**能源设计**

维基生态社区的能源设计采取以下策略：通过小气候的改善和微环境的设计减少建筑本身的热损耗；根据能源节约使用的原则，谨慎选择建筑材料和结构、装置与设备；将太阳能集热器与屋面结构整合为一体，充分利用太阳能（家用热水与太阳能电力）；采用低温供热系统，每套住宅独立温控，并分设各类能耗的计量表。芬兰法律规定，任何建筑，没有供暖设备一律不得施工建设。

此外，将太阳能光伏技术应用在维基生态社区。夏季透过窗户进入室内的太阳辐射热量构成了空调负荷的主要部分，设置外遮阳是减少太阳辐射热量进入室内的一个有效措施。减少阳光直接辐射屋顶、墙、窗及透过窗户进入室内，可采用挑檐、遮阳板（篷）、镀膜玻璃等；减轻外墙、屋面吸收太阳辐射热量，可采用浅色外墙饰面，将绝热层设在外墙外侧和屋顶屋面，或架空屋面。

5. 建筑层面的生态设计

维基生态社区的居住区在规划和开发上除了邻里空间的塑造外，一般还比较注重以下环节：地面供热系统、舒适的家庭办公环境、中水的处理技术，以及通过与空气进出相伴的热能交换而实现的热量补充。表3–1所示为维基生态社区住宅区的环境反馈式特征。

维基生态社区住宅区的环境反馈式特征 **表3–1**

分项内容	特征描述及相关参数
同生物和气候相关的特征	主动式和被动式的太阳能利用；由玻璃封闭而成的阳台温室；附设的隔热层
材料和施工	使用预制混凝土的结构和楼面；使用预制木框架和木构件的立面
技术特征	通过热交换和季节性调整而实现的机械式通风；通过循环使用城市供热厂的用水而实现的地面低温供热；用于水加热的太阳能集热器
太阳能的摄取	12.25kW·h/（m^2·年）
能耗	67kW·h/（m^2·年）
隔声墙体	35dB
围护材料的参数值	墙体0.21W/（m^2·K）；地板0.18W/（m^2·K）；屋面0.13W/（m^2·K）；玻璃1.00W/（m^2·K）
重点应用部位	正立面和预制的结构构件

（1）结构与材料处理

该组团的建筑均搭建在桩基和地梁之上，并预留了一个可进入的孔道，可通过良好的通风条件散去花岗岩所释放的氡气；至于住宅本身的结构则大量地运用了预制构件和木材，因为预制件在芬兰已有广泛的运用基础，同时木材使用的经济性和高利用率，也足以确保面层处理的高品质和项目实施的高完成度。在遴选建筑材料时，该住宅组团综合考虑了许多因素——结构技术要求、隔热保温性能、全寿命周期、环境影响以及可回收和再生性，并由此确定了建筑各部分的材料应用情况（表3–2）。

维基生态社区住宅区的结构设计要点 表3-2

建筑部件	结构设计要点	备注
主体结构	按6m格网进行排布，同时使用预制混凝土和结合了隔离层及面层的预制构件	具有侧向的结构稳定性
楼面	采用265mm厚的中空板材	不用进一步采用吸声措施
屋面	在分隔钢质的覆盖层和胶合板制成的物架时，选用450mm的木框架，由隔离层和内外板材等共同构成	由木框构成的外观和屋顶还需另设隔离层
外墙	在预制的木框架内，由隔离层和内外板材等共同构成	
阳台和走廊	结构采用胶合板，它由45mm的防水板材碾压合制而成	既可保留高雅别致的松木纹饰，又可通过外设的喷淋系统确保消防安全

（2）温度与气候调控

地面的低温供热系统、混凝土地面和墙体的高热功性能、附设的隔热层、一体化的玻璃温室、填充氩气的低辐射率双层玻璃，加之创新性的循环送风系统等，以上做法均有助于该住宅组团的自然室温调控。

3.1.4 小结

维基生态社区在有机结合当地自然要素的前提下，通过水处理、节能、绿化、交通等系统的集成，实现了生态环境的整体建构，贯彻了城市和建筑可持续发展理念，可以为我国绿色社区和资源节约型、环境友好型和谐社会的建构提供参考和借鉴，尤其为我国新型城镇化建设提供了范本。

此外，对于生态型城区来说，为实现生态环境的整体建构，除了至关重要的规划依据——环境规划外，同样离不开从宏观到微观、从规划设计到建设运作等各层面的共同参与和协作。因此，以不同的建构层次和专业分工为“经”，以目标、成果、操作、涉及主体等不同的环节为“纬”，可以交织形成一个相对完整的生态型城镇建构的整体框架（表3-3）。这正是我国生态城区建设所需借鉴的。

维基生态社区生态环境构建的基本框架　表3-3

建构环节	战略规划	城市规划	建筑设计	建造施工	运营操作	拆除
目标	将生态趋向贯彻到设计和建造环节，为未来项目积累经验；为国家的可持续生态建筑计划提供支撑	为生态型地区探寻现实可行的建设思路；为规划评价探寻测评方法	通过规划设计竞赛组成建设与实施团队；确立PIMWAG体系与生态指标，并依托此对项目作出评估与校核	通过招投标和建造活动实现规划；确立PIMWAG体系，对竣工项目进行测评	向承包商、建筑所有者传达PIMWAG体系的实施和应用，为使用期内的建筑设计要求提供担保	在整修和拆除中同样应用PIMWAG体系
决策	在赫尔辛基打造新型生态实验住区：确立生态都市计划	在赫尔辛基打造实验住区，在首次竞赛的基础上敲定城镇规划，针对住宅项目探寻评估方法	组织6家设计团体参与第二次规划竞赛，针对实施的优胜方案，进行PIMWAG积分点的测算	在最低投标价的基础上选择承包商，建造和施工	所有者接受竣工建筑，进驻使用新建筑	拆除构筑物
成果	委托书和土地使用材料	通过首次竞赛遴选的城镇规划方案；通过邀标形式敲定的赫尔辛基城市评估方法，不同团队的建议	通过二次竞赛遴选的建筑师和工程师方案；PIMWAG的评估材料，旨在达到环境目标和生态要求的施工委托书	招投标材料和合约；PIMWAG的评估材料	对交付产品和财政状况作出最终审查后的合约，源于参与者和居民的反馈信息采集	招投标材料和合约

续表

建构环节	战略规划	城市规划	建筑设计	建造施工	运营操作	拆除
操作模式	由政府在规划中作出决策	由不同专家组成的评委会通过首次竞赛向赫尔辛基推荐优胜方案，城市层面的规划缺乏评估方法；城市层面的地方政策和决策过程	由不同专家组成的评委会通过竞赛向赫尔辛基推荐优胜方案，在赫尔辛基市政府的委托和管控下，PIMWAG小组以会议形式展开项目评估	在最低价位的基础上选择承包商	开发商，设计师和承包商参与最终审查的产品移交会，由特定的监督小组校核PIMWAG的积分点，通过住户间的民主交流，促使居民表述自身观点	—
涉及主体	赫尔辛基市政府；生态都市计划（环境署和建筑师协会）	赫尔辛基市政府；城市规划部门与设计师；评估小组	赫尔辛基市政府；生态都市计划；PIMWAG评估求值程序；设计师；建筑师和工程师	赫尔辛基市政府；承包商；开发商；PIMWAG评估求值程序	开发商；承包商；设计师；生态都市计划；PIMWAG评估求值程序；所有者与居民	所有者与居民
校核与评估	决策文件和备忘录	决策材料和备忘录；旨在敲定评估指标的邀标文件	设计竞赛材料和评委备忘录；PIMWAG的评估材料	PIMWAG的评估材料	产品移交材料；PIMWAG校核材料；维护书；采集维基经验的监督小组材料	采集维基经验的监督小组材料

3.2 瑞典斯德哥尔摩哈默比社区

3.2.1 概况

哈默比（Hammarby）生态城[①]位于瑞典首都斯德哥尔摩城区东南部，17世纪以来，该区域是一处非法的小型工业区和港口，有许多搭建的临时建筑，垃圾遍地，污水横流，土壤遭受严重的工业废物污染。20世纪90年代起，市政府提出改造和开发建设这个地区，建设“内涵式发展城市”，优化内城土地结构模式，对已开发的土地进行重新利用，不再开发新的土地。为争取2004年奥运会的主办权，斯德哥尔摩市政府开始对这个地区进行改造，并将其规划成为未来的奥运村。虽然申奥未获成功，但是这一事件却有效地推动了哈默比地区的改建进程，2007年哈默比湖城获得由世界瞭望（World Watch）组织颁发的年度城市建设类清洁能源奖，经过22年的改建，哈默比生态城于2017年基本建成，一座高循环、低能耗、与自然环境和谐共存的社区由此诞生。

迄今为止，哈默比生态城占地约204万m^2（其中陆地占171万m^2），规划人口规模3万人，与我国居住小区人口规模相当。哈默比是一座具有住宅、办公、轻工业、零售服务建筑等共同构成的混合功能的生态新城（图3–6）。整个哈默比

图3–6　哈默比生态城鸟瞰图

① Hammarby在瑞典语中的意思是“临海而建的城市”。

模型由环境友好型能源系统、雨水收集与污水再利用两个系统构成了一套封闭的循环体系，体现了能源利用和污水处理与垃圾处理之间的关系，也体现了现代的能源系统和污水垃圾处理给社会带来的效益。哈默比生态城因其成功的环保理念，成为北欧的环保样本，也成为全世界建造可持续发展城市的典范。

3.2.2 项目定位

哈默比生态城依托斯德哥尔摩优越的地理条件和丰富的产业基础，大力发展多元化产业链条。该地区电子、通信、航空航天等高科技、高效益新兴产业均蓬勃发展，使工业结构日趋多样化，科技城陆续设立了研发中心或生产基地。在哈默比社区的建设过程中，斯德哥尔摩政府投资50亿瑞典克朗，用于前期规划、场地平整和基础建设，通过招标投标引入房地产公司投资300亿瑞典克朗进行建设。哈默比社区风貌如图3–7所示。

3.2.3 规划设计

1．空间布局

哈默比社区虽然位于斯德哥尔摩内城的传统外围区域，但在空间形态上并未纯粹套用既有郊区模式，而是延续了老中心城区的街区式特色格局，并最终形成一种半开放式的城镇格局，由致密编织的传统内城区和更为开放、轻快的当代都市区复合而成。哈默比社区的居住区规划采用了由绿色廊道所切割的街区式布局（图3–8）。

2．绿地系统

哈默比滨水新城由一条3km长、中间有林荫隔开的大马路维系起来，从Martensdal到Danvikstull，交通和服务设施都集中在两边。围绕着哈默比滨水新

图3-7 哈默比社区风貌

图3-8 哈默比社区鸟瞰

图3-9　哈默比滨水新城绿地系统

城，建有公园、码头和风格各异的步行小路。中央水域构成一个景观集中的公园，是这个城市新区的蓝色眼睛（图3-9）。

3．交通组织

如今，斯德哥尔摩已然成为城市与轨道交通协调发展的典范。该市人口中大约一半居住在市中心，其余居民又有大约一半居住在规划的新城中。这些新城环绕在斯德哥尔摩市中心周围，通过放射状的区域轨道系统与市中心相连。例如，斯德哥尔摩地铁线路网为放射形路网，3条线路在市中心的中央火车站交叉换乘，向城市西北部和南部放射（东北部和西部为大片河湖地区人口较少）。为扩大覆盖面，各交通线在郊区又分出一部分运营支线。各线末端车站均可与轻轨和其他交通方式进行换乘。作为欧洲较富裕的城市之一，该市居民人均年公交搭乘次数达325次。

哈默比社区80%的出行采取公共交通、步行和自行车等方式，这得益于当地发达的公交系统。哈默比滨水新城的轮渡交通，全年从清晨一直开放到午夜。为应对哈默比湖将社区分割的问题，地区政府在2004年推行了免费轮渡服务，为通过电力自行车通勤的人员提供直接到达斯德哥尔摩市中心的简便途径。来自奥尔维克（Alvik）的有轨电车，有一段中央线路穿过哈默比滨水新城，与其并行的是哈默比大道和汽车线路，它们衔接良好，有多条线路通往斯德哥尔摩市内。位于哈默比社区南部的索德来肯高速公路长14km，拥有4.5km的隧道。同时，哈默比社区积极推进轻轨公共交通的发展（图3–10）。

图3–10 哈默比社区公共交通

4．生态规划

（1）废水处理

斯德哥尔摩采用了名为Sjöstadsverket的新设备处理哈默比社区10%的废水。设备采用生物反应薄膜这一技术，通过蒸馏污水尽可能多地回收可持续矿产，并过滤废水中93%的氮和99.7%的磷，经过膜生物反应器（MBR）分类处理的废水能源利用率提高了93%，然后配给当地植物花卉及农场。哈默比社区还设想了通过建造特殊的卫生间将尿液和粪便进行分离的方法，专门将这两种废物收集在两个不同的储藏室，通过不同的管道分别进行处理。废水在设备当中沉淀数周进行过滤，可有效减少径流净化过程中的能源消耗，由此输出的水源将十分干净，以至于可以重新回到哈默比社区中使用，完成了另一种生态循环。在哈默比模式中，生态最终进行了循环，确保了资源以一种可持续的方式有效回收利用到当地环境中。

（2）垃圾处理

哈默比社区在节能、环保方面做得最出彩的是在垃圾回收处理上面的创新。废物不再是垃圾，而是一种可以利用的资源。回收的材料用于生产新的物品，因此节约自然资源。哈默比滨水新城分3个级别进行垃圾处理：就近楼宅、就近街区和就近地区。居民可以不分时段地将垃圾分类投入公共垃圾箱，所有垃圾箱都与一个由电脑控制的传输系统相连，以90km的时速通过真空管将垃圾运送到2km外的集中站，再经分类选择后用来焚烧发电。将垃圾箱摆放在每个楼层，配备垃圾分类装置，可以有效引导居民养成垃圾分类的习惯，进而在垃圾焚烧和堆积的过程中消耗更少的能源（图3–11）。

图3–11 哈默比社区垃圾处理方案

（3）能源设计

哈默比社区通过合理采用建筑组合方式，克服了自然条件光照不足的限制，能有效地利用太阳能。哈默比社区的房屋上布满了大量的太阳能电池板，并且一些地区的窗户上也安装了太阳能电池板。这些太阳能电池板配备了氢燃料电池，以此应对阳光不足时对供电的需求。光伏模块每年产生能源总量为每栋建筑16000kW·h，这将为节能冰箱提供所需能源的70%。瑞克斯道废水处理厂通过处理淤泥获得生物沼气，生物质来自本地农场粪便和植被，在蒸馏气体的过程中并没有臭氧粒子散到大气中，因此得到的甲烷十分纯净。沼气生产过程中产生净热增益，可以用于区域加热和冷却。哈默比社区生物燃气一天的生产量为900m^3，其中600m^{3}为甲烷。这一数量足够40辆车一天行驶200km。当地电厂在瑞典率先采用了再生燃料发电，所用燃料是周围的木材工厂废弃的木屑碎片，而小城确立的目标是要成为全球第一座无油城。如果有人愿意投资风力发电，其用电费用还会有50%的折扣。

哈默比社区大约80%的环境保护意识体现在基础设施建设中，剩余的20%则留给居民。这意味着居民有义务选择更为环保的行为方式，比如选择大众化的交通方式，使用可循环材料，消耗更少的能源并使用能源节约型产品。哈默比社区同时通过授课以及广告等方式，传递重要的环境友好型生活方式等相关信息。哈默比社区的最大意义不是它的包容力，而是其自身的生态循环系统。在这里，城市功能、交通、建筑和绿地、水循环、能源和垃圾处理，这些各不相同的城市“运作”被纳入到有机的体系中，有序、协调地运作。哈默比生态城在垃圾回收方面的创新是值得关注的，在沼气、太阳能等方面的充分利用值得学习。另外，发达的公共交通减少了私家车出行，80%的自行车出行率有效地实践了节能、环保理念。

3.2.4 小结

哈默比湖城聚焦于环境主题和基础设施，拟定了一系列的规划和操作程式。在哈默比模式的外层表现下，形成了哈默比社区生态模式：探究一种试验性开发项目的新思路和创新性，在此基础上，将它聚焦于环境主题和基础设施方面，拟定了一系列的规划和操作程式。该模式的各组成部分相互关联、多向转化，共同构成了一个自我循环的完整系统，揭示出污水排放、废物处理与能源提供之间的互动关系及其所带来的社会效益（图3-12、图3-13）。

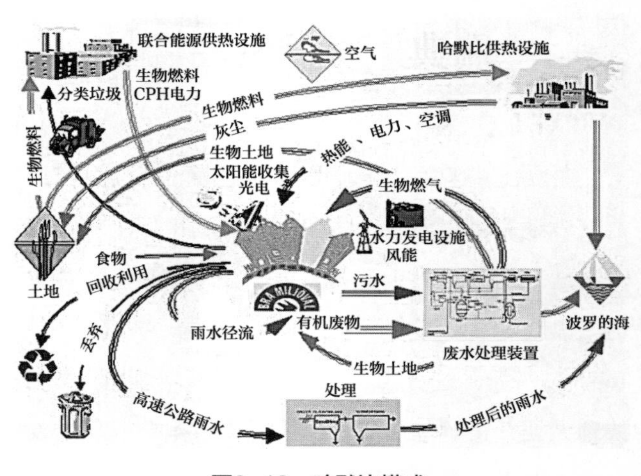

图3-12 哈默比模式

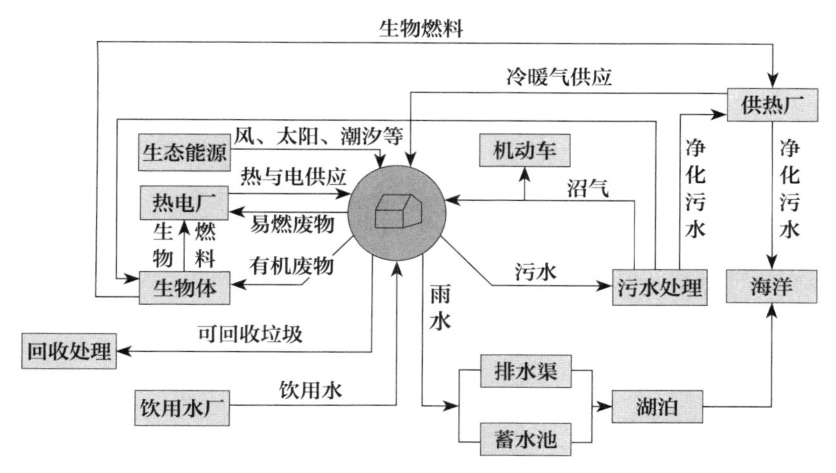

图3-13 哈默比模式的生态循环

3.3 瑞典斯德哥尔摩皇家海港生态城

3.3.1 概况

皇家海港生态城位于斯德哥尔摩市区的东北部，横跨北部鹿园（Hjorthagen）地区和南部的罗登（Loudden）地区，距离城市中心区仅3.5km，是整个城市发展的黄金地段，该地区原来是斯德哥尔摩最大的工业港口区，建有工业配套设施和居民区。瑞典于2010年开始启动斯德哥尔摩皇家海港生态城项目。2025年前，这一地区将建成可供约一万户家庭入住的公寓楼和拥有3万间办公室的写字楼。新城区计划新增1.2万名常住居民，并提供3.5万个工作岗位。这一面积约2.63km^{2}的区域正在由工业区转型成为世界一流的可持续发展城市区，这一区域将应用大量创新的清洁技术，也被官方认可为斯德哥尔摩“共生城市”发展的标志和典范。继哈默比社区之后，皇家海港生态城项目作为瑞典重点建设的可持续性城市更新项目又一次引起了世界的关注。

3.3.2 项目定位

瑞典一直遵循着“当代人应为后代节约资源”这一原则，将可持续发展作为其内政外交的核心目标。“共生城市”，是对生态城市概念的一种表述。“共生城市”这一概念起源于瑞典，以乌尔夫·兰哈根为代表的一批瑞典建筑师经过数十年的探索，与瑞典政府达成了共识，将交通、建筑、能源、垃圾处理、污水处理在内的城市各子系统充分整合，在节能减排上环环相扣，良性循环，最终获得生态、经济、社会和空间的综合效益。皇家海港生态城更新项目从环境可持续、经济可持续和社会可持续三个方面对可持续发展作出了诠释，并从城市功能、交通脉络、资源利用和蓝绿体系等方面提出可持续发展策略。同时，通过有效地实施管理，现阶段的实施成果和最初制定的环境目标的匹配度较高。作为斯德哥尔摩2030计划中的重要组成部分，皇家海港生态城将规划新的住宅区和商业区，工业港口将被建造成现代化的港口码头，天然气工业区也将被建设成为拥有博物馆、学校和图书馆的城市公共区域（图3–14）。关于如何将原有工业港口区更新改造为一个可持续发展的新城区，皇家海港生态城项目在理念、策略和实施管理等方面都具有宝贵的借鉴价值。

图3–14 斯德哥尔摩皇家海港生态城鸟瞰

瑞典人不是仅仅将“共生城市”作为一个概念来推广或停留在规划阶段，“共生城市”业已成为瑞典可持续发展的一种新模式、新理念。

已经建成的斯德哥尔摩皇家海港生态城是一个多功能的综合社区，将原有的客运码头和货柜码头改造成为现代化的港口和游艇码头。规划总用地面积

图3-15　斯德哥尔摩皇家海港生态城风貌

145hm^2，建筑总面积为100万m^2，容积率0.69。城区内的交通方式主要为步行、生物质燃料汽车、地铁和轻轨，是一个定位为环境正效应的可持续城区（图3-15）。其环境目标是到2020年实现年人均碳排量低于1.5t，到2030年完全摆脱对石化燃料的依赖。届时，皇家海港生态城将成为可持续发展城市规划与创新环境技术和理念紧密相结合的样板，也会成为其他城市学习的样板。因此，该项目对房地产商提出的节能环保要求非常严苛。斯德哥尔摩地区普通居民楼一年平均至少消耗140kW・h/m^2，而皇家海港生态城项目中居民楼一年的能耗不能超过55kW・h/m^2，即皇家海港生态城削减了60%以上的能耗。据称，2030年前，皇家海港生态城将完全弃用化石燃料。为了实现这一目标，当地所引进的企业都拥有一流环保技术，准入门槛相当高。

3.3.3 规划设计

1．环保便捷的交通网络

在交通方面，皇家海港生态城主要通过建立便捷与绿色的交通脉络和宣传绿色出行的观念来诠释可持续的发展观。不同于其他地区以增加交通和拓宽道路来改善拥堵问题的做法，城区在规划之初就提出从根本上减少人们对于交通的需求才是重中之重。皇家海港生态城密集、功能齐全且便利的城市结构本身就实现了这一点，为可持续交通奠定了基础。一些高度密集型公共设施诸如零售、服务、学校被设置在公共交通节点附近，在没有私家车的情况下也能保证方便到达。清晰可辨识的街道结构不仅适应未来的变化和交通方式的多样性，还通过人性化的设计来确保步行体验的舒适与安全，做到真正为行人服务。该地区还采用明确的交通等级，提倡采用更高容量和更具资源效率的交通模式，优先考虑行人和骑自行车者，其次是公共交通，最后才是汽车。通过提供充足的充电站、免费轮渡和无化石燃料来鼓励采用电动汽车和其他绿色出行方式。这些便捷且绿色的交通脉络有效地连接了城市的各个功能，提高了各区域的可达性。

2．循环高效的资源利用

皇家海港生态城一系列闭合的环路系统不仅减少了资源的浪费，还有效控制了废弃物在本地区的产生，资源问题与气候问题的协同效应也使得该策略一举多得。对于水的处理，集中体现在污水和雨水处理两方面：污水处理系统旨在减少对湖泊和海洋的环境影响，优化污水回收的利用，通过尽可能多的闭环系统使营养物质返回耕地，从而减少海洋的富营养化；雨水则就地处理而不经排水管网和污水处理厂，通过雨水花园、地漏、过滤装置等进行过滤，有效缓解系统运作压力与负荷。

3．生态健康的绿色空间

对于蓝绿空间体系的处理，皇家海港生态城将发挥生态系统的主动性来打造一个健康和有弹性的城市环境。通过建构多功能的绿地系统，并融入园艺设计，不仅满足了景观休闲的需求，还有助于营造健康和幸福的生态系统，对环境噪声与空气污染有较大的改善。新开发的水域也将集娱乐、交通、生态、景观等多功能于一体。屋顶绿化、垂直绿化、生态建筑材料也对微气候有改善作用。这些举措互相协同形成交织的生态结构，除了能为城市创造健康、舒适的环境，也能为生物多样性保护作出贡献，并更好地应对未来的气候变化（图3–16）。

图3–16　斯德哥尔摩皇家海港生态城绿色建筑

4．人体体温转换热能

人体体温供暖系统是指瑞典首都斯德哥尔摩中央火车站收集乘客人体热量为其附近的办公楼供暖。火车站有一个能源中心，通过热交换器从气流和人走路造成的空气流通中获取整个建筑的（人体）热能，收集起来的热能将水加热，通过水泵和管道输送到200多米外的新建办公楼，用于“供暖”（图3–17）。

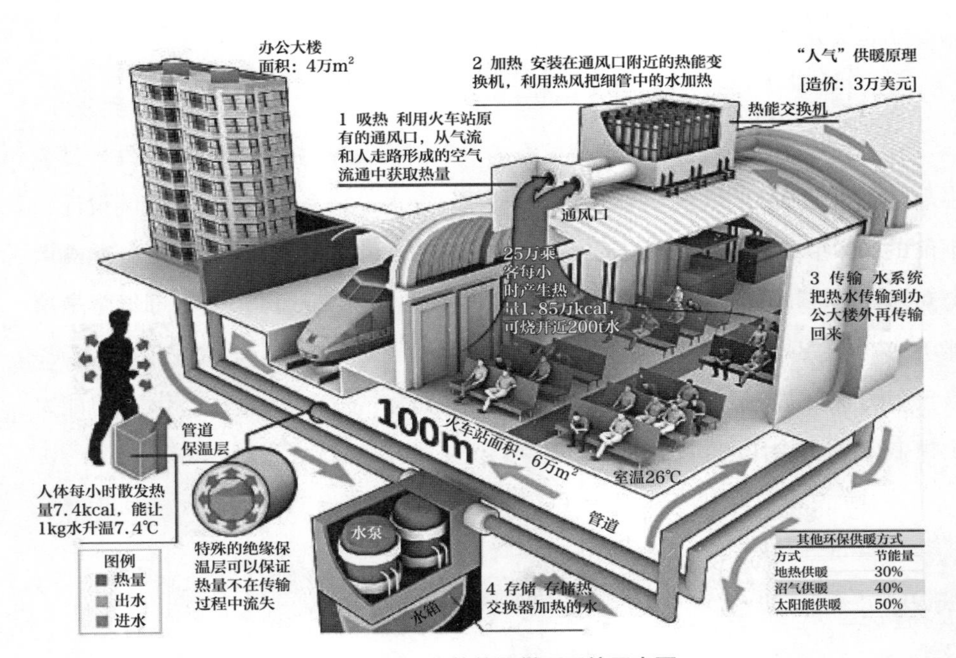

图3-17 人体体温供暖系统示意图

3.3.4 小结

斯德哥尔摩皇家海港生态城拥有最高标准的环境目标，致力于成为世界级可持续发展城区的典范。该项目的基本规划思想是零排放城区，总体规划中包含了环境、生态、社会和经济四个方面的可持续发展。同时，该项目目标设定中采取了两种类型的指标，即操作性指标（Operational Indicators）和可持续性指标（Sustainability Indicators）。这两类指标是未来进行评价和监测的基础。斯德哥尔摩皇家海港城规划强调在规划的早期阶段，必须建立基础数据、数据库，设定基准情景，作为将来评价和监测的方法基础。斯德哥尔摩皇家海港生态城未来的监测对象包括：①完成性指标——气候变化、环境、可持续性方面的指标；②规划中列出的操作性指标；③控制性详细规划中规定的指标。

为保证规划目标的实现，斯德哥尔摩皇家海港生态城从规划过程的科学化开始，完善规划、监测和评价模型，建立有效的制度保障体系，包括：①参与各方相互合作，明确职责；②利用循环式的规划、监测和评价过程不断提升、完善项目质量；③政府监管到位。规划开始时就特别注重各方的参与及合作，强调开发商、承包商、建造商、咨询顾问、技术公司、大学等研究院所，以及未来的居住者都必须参与到项目的规划开发过程之中。为此，在项目正式启动前的2009年和2010年，斯德哥尔摩组织了数次研讨会，邀请了上述各方对斯德哥尔摩皇家海港生态城的规划献计献策。更为重要的是，斯德哥尔摩皇家海港生态城的规划过程是循环往复式的，保证了真实规划进程的不断的自我修正。为保证规划建造过程按照模型如实进行，斯德哥尔摩为该项目成立了政策制定委员会（为规划和开发的不同进程制定各类政策，包括城市的环境和可持续发展中基础设施的标准以及住宅、商业用地的土地分配标准，地方发展进程和协议）、后续模型开发委员会（开发规划用地指标、评价、控制模型和计划）和行动委员会（敦促计划的实施），以此保证项目规划过程的不断改进。

我国目前的生态城区开发建设，往往是各责任主体相对分散，对于整个生态城区的规划目标不明确或者过程中变动太大，子项目之间缺少统筹协调。除了技术体系，皇家海港生态城的整体化开发模式值得我们学习，这种模式可以保证实现生态城区的预期目标。

3.4 瑞典哥德堡高科技园区

3.4.1 概况

哥德堡（Gothenburg）是瑞典西南部海岸著名的港口城市，与丹麦北端隔海相望。哥德堡坐落在瑞典的西海岸卡特加特海峡，是瑞典最大的河流——约塔河的出海口。哥德堡已有近400年的历史，最初由荷兰人设计建设，主要按荷兰建筑风格设计。哥德堡的街道和市场设计整齐划一，易于辨认。城内人工河道与自

图3-18　哥德堡生态城区风貌

然河道、湖泊连成一体，风光秀丽，是北欧观光旅游的必经之地。全市人口约80万，面积722km²，是一座风光秀丽的海港城，也是瑞典第二大城市和重要港口城市（图3-18）。同时，哥德堡是瑞典的旅游胜地，还建有大学、海洋学研究所及其他各种文化设施。

3.4.2 项目定位

哥德堡港是世界重要港口之一，有450多条航线通往世界各个港口，每年进

图3-19　哥德堡高科技园区产业

出港船只达3万余艘。哥德堡还是世界纸浆、新闻纸交易中心之一，工业结构日趋多样化（图3-19）。

在产业转型方面，哥德堡市则依托优越的地理条件，充分发挥区位优势。哥德堡市是瑞典最繁忙的港口和商业中心，斯凯孚（SKF）轴承公司、爱立信微波系统公司、萨伯·爱立信空间技术公司等著名的企业都位于该市。哥德堡制造业产品出口占瑞典出口的60%以上，其工业产值约占全国的20%，仅次于斯德哥尔摩。

哥德堡有著名的查尔姆斯理工大学和哥德堡大学，还有许多从事科学、技术和未来新技术的基础研究和应用研究的研究所（图3-20）。瑞典大约40%的工程师和建筑师都是查尔姆斯理工大学的毕业生，该大学是瑞典就业率最高的大学，为瑞典的高科技研发输送大量人才。该校拥有强大的环境科技、IT科技、纳米技术、生物工程、汽车工程与建筑学专业，是欧洲著名的研究型大学。

查尔姆斯理工大学　　　　哥德堡大学

图3-20　哥德堡高等学府

3.4.3 规划设计

1．Kuggen生态办公楼

在能源消耗上，哥德堡注重建筑的被动式节能，注重围护结构（外墙、屋面、门窗）的保温效果，注重遮阳技术的开发和应用，使得单位面积能耗很低。例如Kuggen大楼（图3–21），通过上层比下层出挑、倒三角窗户、自动遮阳系统以及遮阳板上的太阳能光伏板等措施，在达到遮阳效果和降低能耗的同时，也有效地利用了太阳能。这种遮阳系统在北欧很常见，有效遮挡了太阳能量但不遮挡光线，从而既降低了单位面积能耗，也使室内有足够的自然光。

图3-21　Kuggen生态办公楼

2．沃尔沃（Volvo）信息中心和爱立信办公楼

哥德堡科技园区中的Volvo信息中心和爱立信办公楼都采用了自动遮阳系统以节省室内空调能耗，提高空调效率（图3–22）。

沃尔沃（Volvo）信息中心

爱立信办公楼

图3-22　生态办公楼

3.4.4 小结

思考瑞典由普通建筑发展到绿色建筑的历程，给我们的有益启示可归纳如下：首先是体现了可持续发展要求，并将其贯穿到规划设计、建造和运行管理的全寿命周期的各个环节中；其次是通过建立权威的生态城区和绿色建筑评估体系制度，规范管理和指导，强化市场导向；最后是适应国情，找准切入点和突破口，先易后难，分步推进，逐步扩大范围，持续地提高要求，最终实现全面推广生态城区和绿色建筑的目的。

3.5 丹麦森讷堡绿色生态城

3.5.1 概况

丹麦是欧洲碳减排领域的先行者，丹麦南部的森讷堡市是丹麦零碳生活的忠实推崇者和实施者，近年来一直积极投身新能源领域技术研发和解决方案的探索。城市品质的好坏直接关系着民众生活质量的高低，建立绿色节能、低碳减排的城市已成为森讷堡市的主旋律。森讷堡生态城拥有500km^{2}土地和8万人口，是丹麦“零碳项目”的起源地和发扬者，目前已发展成为一个以节能技术、区域供热和可再生能源技术为重点的“清洁能源谷”，是欧洲实现零二氧化碳排放的示范城市。

3.5.2 项目定位

森讷堡的城市发展战略着眼于文化、新兴绿色产业和绿色城市建设。近年来，森讷堡市已经发展成为一个以关注能效、集中供热以及光伏和氢气系统等可再生能源技术为重心的新绿色产业园区。“零碳项目”是森讷堡绿色生态城的城市名片和规划定位。“零碳项目”的诞生要追溯到2004年森讷堡旧港区改造时，总部位于阿尔斯岛的世界知名绿色企业丹佛斯集团时任总裁雍根·柯劳森提出的：“我们的思维一定要超前，一定要着眼长远，一定要充分考虑到我们这个城市的可持续发展。这样，森讷堡才有希望，否则它就会衰亡。”基于该理念，在“南丹麦未来智库”的策划下，“零碳项目”作为森讷堡的城市未来发展规划逐渐成形，并获得包括森讷堡市政府和丹佛斯集团、东能源公司（Dong Energy）等知名企业在内的五大基金的支持。2007年，森讷堡开始实施“零碳项目”，设定了到2029年，城市能耗与2007年相比降低38%的目标，并成为“零碳城市”的规划目标。同时强调通过开发利用可再生能源实现零碳排放，应对气候变化解决方案则成为森讷堡经济发展的主要驱动力。如今，森讷堡市已成为欧洲著名的绿色生态示范城市（图3–23）。“零碳项目”于2010年获得欧盟委员会颁发的“最佳可持续性能源奖”；森讷堡市被纳入克林顿全球气候友好行动计划的18个合作伙伴城市之一（我国北京和上海也在其列）；该市同时也是世界上城市可持续发展最为知名的组织C40的合作伙伴。

3.5.3 规划设计

在森讷堡市，“零碳项目”随处可见，其中区域供热能源以垃圾焚烧和地热为主，生物质能、风能等可再生能源的使用范围也不断扩大，绿色能源已逐步取

图3-23　森讷堡生态城局部鸟瞰图

代了传统化石能源发电和供热方式。为实现“零碳项目”愿景，对于森讷堡绿色生态城的规划提出了三条路径：首先，通过提高能源效率来增强企业竞争能力和降低居民的能耗支出；其次，加强对可再生能源的综合利用；最后，采用智能动态能源体系使能源消耗与能源生产高效互动，能源价格根据能源供应量浮动，合理控制能源消耗。

1．热电联产供应绿色能源

垃圾焚烧是森讷堡目前热能供应的主要来源之一。当地垃圾焚烧厂每年焚烧约7万t废物，包括食品包装、纸盒和塑料等生活垃圾。通过采用最新技术，实现了燃烧效率高达98%，焚烧炉实现了1000℃的稳定高温燃烧，减少了二氧化碳等有害气体的排放，净发电效率达49%。发电后产生的尾气被输送到余热锅炉以蒸汽的形式通过管道用于区域供暖。同时，森讷堡还在探索如何更好地利用太阳能、地热能、风能及生物质能等多种可持续能源。森讷堡目前有3个太阳能发电

图3–24　森纳堡力纳克公司的跟踪式光伏发电站

站（图3–24）。其中一个面积为6000m^2，年供电达2736MW·h。此外，2012年落成的一个地热发电站在投入运行后，森纳堡的热能生产将实现零碳排放。

2．“被动式正能量屋”创造零碳生活

最新统计显示，欧洲人约90%的时间待在室内，而建筑物本身消耗能量就高达40%。“零碳项目”的另一项创举是大力推广和发展“被动式正能量屋”（图3–25），使房屋所产生的能量大于消耗的能量。被动式正能量屋最主要的能量来源是太阳，通过屋顶覆盖的太阳能电池板给房屋供暖供电，并通过绝佳的隔热层减少屋内热量的损失，最大限度降低能耗。自2009年起，在“零碳项目”的推动下，不少森纳堡家庭已开始将应对气候变化的节能减排方案引入家庭日常生活，如采用智能热泵、安装太阳能集热板和散热器供暖控制等。到2010年初，这些“零碳示范家庭”的用电量减少了30%，用水减少了50%。在提升能效方面，森纳堡计划从建筑节能改造、智能热泵在农村的普及应用和绿色交通三大领域入手，其中建筑节能改造是重中之重。森纳堡有37500所房龄超过65年的低能效住宅，其中近8000所已经接受能效改造，并实现最高节能45%的可观效果。未来5年，

图3-25 森讷堡被动式正能量屋

森讷堡还将改造剩余老住宅，包括安装恒温控制器、热泵，使用隔温材料，接入绿色区域供暖网络等。

3．绿色发展模式实现多赢

按照“零碳项目”规划，森讷堡地区的企业在2015年以前每年要降低5%的能耗，并逐步淘汰化石燃料能源。此外，森讷堡地区还将大力扶持绿色产业来创造新的发展机遇。在可再生能源综合利用方面，森讷堡将加大对绿色能源基础设施的投入力度：增加农村地区的绿色区域供暖比例；扩建、新建沿海风电场和沼气发电厂；更多利用生物质能等。

3.5.4 小结

“零碳项目”的意义在于实现能源自给自足和零碳排放的同时，通过大力发展绿色环保产业创造更多的绿色工作机会，实现经济效益、社会效益和环境效益的多赢。低碳生活意味着低能量、低消耗、低开支，同时也代表着更健康、更自然、更安全。经过数年努力，这个毗邻德国的边陲小镇已成为一个以节能技术、区域供热及可再生能源产业为重心的绿色生态城。森讷堡市让零碳不只是一个理念、一个项目，更是一种生活。

3.6 瑞典马尔默明日之城

3.6.1 概况

马尔默（Malmo）是瑞典第三大城市，处于瑞典南部，踞守波罗的海海口，位于厄勒海峡东岸。海峡对面便是丹麦首都哥本哈根，两城相距仅26km，有火车、轮渡相通。它离意大利的米兰比瑞典最北面的城市基律纳（Kiruna）更近一些，使得城市更接近欧洲大陆风格（图3–26）。马尔默市城市建成区面积179.6km^2，人口28万左右。马尔默拥有运河、海滩、公园、港口以及仍然保留着中世纪外观和风格的社区建筑（图3–27）。马尔默属于温带海洋性气候，全年平均降水量约600mm。温暖湿润的气候条件促进了市民各个季节丰富的户外活动，也使得户外空间设计成为设计的重点之一。

图3–26　马尔默鸟瞰

马尔默最强的行业是物流、零售和批发贸易、建筑以及地产，同时还有先进的生物技术和医疗技术、环保技术，以及IT、数字媒体领域内的知名企业。高校、科学园和企业之间的合作，为马尔默的企业创造性地发展提供了良好的基础。

马尔默市作为一个年轻的工业城市，发展很迅速，20世纪初期已成为瑞典主要的工业城市。马尔默市在欧洲和共同体市场上的地理条件优越，空运、火车、汽车和海运发达。新建的深水“瑞典港”在运输方面起着巨大作用。在马尔默与

圣彼得大教堂

马尔默城堡

马尔默大广场

图3-27 马尔默历史遗迹

丹麦哥本哈根之间的海面上建设了一座16km长的桥梁，它的建成将为瑞典—丹麦在贸易、就业、住房、文化、教育和研究方面的共同市场带来巨大的发展潜力。

3.6.2 项目定位

西港区曾是马尔默的造船基地，造船业的衰退迫使许多公司从西港区撤离出来。虽然西港区是废弃的工业码头，还存在一定的工业污染，但它位于景色优美的海滨，离市区也仅有2km，地理位置极佳。马尔默市政府在2001年牵头组织了一次欧洲建筑博览会，对西港地区进行了地区规划、建筑、社区管理等方面可持续发展的超前尝试。最后，名为“Bo01”的瑞典首个“零排放”社区诞生了。这个混合了独立住宅、公寓和企业的项目，又被称为马尔默“明日之城”（图3-28、图3-29）。

图3-28 马尔默明日之城

图3-29 马尔默明日之城风貌

3.6.3 规划设计

1. 建筑设计

Bo01示范区在项目实施过程中的两个重要特点：一个是在整个住宅小区的建造过程中并不追求特别先进的技术和产品，而是把重点放在对成熟、实用的住宅技术与产品的集成上；另一个是住宅产业的高度现代化，这也是Bo01住宅示范区能够顺利达到绿色目标的基础。

建筑设计方面，景观、采光、节能环保成为重要的设计点，配合现代建筑设计手法的运用，形成了短进深，带有大露台、大玻璃窗、屋顶花园以及亲水外立面的住宅建筑。“提高内城地区生活质量”意味着增加绿色空间，因此规划尽量保留场地上的自然资源，同时景观中心、住宅庭院、人行步道都被设计为个性化、环境优美的公共空间（图3-30）。

图3-30　马尔默明日之城建筑风貌

2．生态系统

绿色生态是马尔默发展的重点。城市景观类型丰富多样，有沿海区域、湿地、林地和草甸地。如今，马尔默城市面积约为156km^2，其中公园面积有18.72km^2，平均每1000位居民就有69200m^{2}的公园绿地。马尔默有大量的城市公园，是城市大型开放空间系统中的重要节点。另外，水上休闲活动和海滩同样是城市公园的一个重要部分，吸引大量居民在此驻足休闲。马尔默实现绿色生态发展采用以下手法。

第一，进行生物多样性保护。在“明日之城”项目启动伊始，先由当地的环保和科研机构对住宅示范区进行地毯式的物种搜索以及土质和水文测试，务求在项目开工之前，对那些曾在当地出现的物种进行妥善地移植和保护，并在项目后期进行景观设计时再移植回来。

第二，碧绿色的屋顶构成“明日之城”的一道风景。其主要的功能是调节降水，通过植被屋顶，可以将60%的年降水通过蒸发再参与到大气水循环，其余的水经过植被吸收后再进入雨水收集系统；此外，这样还有利于屋面的保温隔热，如一般屋顶的温度在冬季和夏季分别达到-30℃和80℃，但经过植被屋顶的调节，冬季和夏季的温度分别为-5℃和25℃。

第三，具备更多公共性质的新型公园开始建设，如铁锚公园（Ankarparken）、丹尼尔公园（Daniaparken）和斯堪尼亚公园（Scaniaparken）。

3．交通组织

马尔默的交通组织十分发达。区域列车每隔20分钟通过大桥连接马尔默、哥本哈根和哥本哈根地铁（建成于2002年10月19日），同时有一些X2000列车和城际列车通过大桥到斯德哥尔摩、哥德堡和卡尔玛。所有的列车都经停哥本哈根机场。2005年3月，一条名为马尔默城市隧道的新铁路开始修建。隧道从马尔默中央火车站地下到Hyllie牧场，连接到了厄勒大桥，有效地使马尔默从终点站改变为中转站。除了有厄勒大桥提供便利交通的哥本哈根机场外，马尔默也有自己的一个小的机场，即马尔默机场，今天主要服务于廉价航空、包机路线和瑞典国内航线。高速公路系统和厄勒大桥合成一体，欧洲E6公路穿过大桥，沿着瑞典西海岸从马尔默—赫尔辛堡到挪威的巴伦支海边上的城市希尔内斯科。欧洲线路到延雪平（Jönköping）—斯德哥尔摩（欧洲E4公路），从赫尔辛堡开始。

20世纪60～70年代，马尔默经过一轮经济的高速发展，私家车保有量持续上升，达到历史上的顶峰。虽然政府不遗余力地改造道路，为私家车服务，但他们发现道路的建设总是跟不上车辆的增加。大量私家车压垮了城市交通，还造成了非常严重的污染。

经过反思，马尔默市政府决心要改变这一切，大力推进自行车专用道以及公共交通，发展新能源汽车，并且在城市规划上，尽量完善社区的商住功能，减少市民远距离出行的必要。采取措施如下：第一，马尔默对城市中心的道路进行了改建，把原本一些四车道的道路变成两车道，增加了自行车道和人行道；第二，根据不同的人群制定了不同的宣传方式，比如，针对学生的宣传口号是“走路去上学”（为了配合这一标语，老师甚至会戴上长颈鹿的帽子带着孩子们一起去上学），以及“5km内出行不骑车是可耻的”。

马尔默的交通组织重在发展优质有效的公共交通系统，提供充足、安全的步行和自行车交通设施。一是沿海和码头周边的环境安全宜人，对于马尔默的居民来说，也是一个兼具可达性和公共性的、富有吸引力的新去处；二是公共交通系统效率高且服务优质，多条公共交通线路将市中心和城市边缘地带连接在一起；三是自行车和步行交通流线的布置得到强化发展，推广使用自行车，社区内大量设置自行车停放处，同时美化了环境（图3-31）。

图3-31 马尔默明日之城交通组织

4．生态规划

在瑞典政府的大力支持下，马尔默市建成了迄今为止欧洲最大规模的“明日之城”住宅示范区，其特点如下：①100%利用风能、太阳能、地热能、生物能等，限制能耗，提高能效；②充分利用IT信息技术运营管理社区；③引入“大循环周期的概念”；④水利用方面更注重污水排放对生态环境的影响；⑤土地利用上沿袭了瑞典传统的低密度、紧凑、私密、高效的用地原则；⑥通过合理地规划、设计和采用先进的住宅建造技术，达到节约建筑材料的目的；⑦保护生态多样性，减少环境污染；⑧生活垃圾按照3R原则[①]处理，建筑工地垃圾细分为17类；⑨小区的污水通过市政管网并入市政污水处理系统；⑩垃圾处理后的沼气发电可用于小区内电瓶机车的充电。

（1）环境治理

多年来，从工厂中流出的化学废料污染了这里的自然环境，如今，通过回收和分级，70%的化学废料得到分解。

1）污水处理

“明日之城”小区的污水通过市政管网并入市政污水处理系统。其中有两个厂房的功能值得一提：一个厂房负责将收集的污水进行发酵处理从而生产沼气，经净化后可以达到天然气的品位；还有一个厂房的功能是对污水中磷等富营养化学物质进行回收再利用，如制造化肥，以减少其对生态系统的破坏。

2）固体废弃物处理

对于生活垃圾，按照3R原则，遵循分类、磨碎处理、再利用的程序。居民首先将生活垃圾分为食物类垃圾和其他类干燥垃圾，然后把分类后的垃圾通过小区内两个地下真空管道，连接到市政相应处理站，通常食物垃圾经过市政生物能反应器，可转化生成甲烷、二氧化碳和有机肥；其他类干燥垃圾经焚化产生热能和电能，据测算，垃圾发电可为住区每户居民提供290kW·h/年的电量，足够满足每户公寓全年的正常照明用电；对于建筑垃圾，“明日之城”小区将建筑工地的垃圾细分为17类，大大提高了垃圾回收利用的效率，此外，很多开发单位采用

---

① 3R原则（The Rules of 3R），即减量化（Reducing）、再利用（Reusing）和再循环（Recycling）三种原则的简称。其中减量化是指通过适当的方法和手段尽可能减少废弃物的产生和污染排放的过程，它是防止和减少污染最基础的途径；再利用是指尽可能多次以及尽可能多种方式地使用物品，以防止物品过早地成为垃圾；再循环是把废弃物品返回工厂，作为原材料融入新产品生产之中。

工厂预制的方式生产住宅建筑的部品，减少了现场的建筑垃圾量；垃圾处理后的沼气发电，可用于小区内电瓶机车的充电。

（2）能源方面

马尔默寻求使用可再生能源，并实现了100%能源自给。尽管瑞典在绿色电力方面走在世界前列，但该国大部分电力来自核能和水力发电。马尔默则在寻求可再生能源，在2008年和2012年间，其二氧化碳排放量减少了25%，远远超过京都议定书所定的5%的目标。它将海水和地下水能量用于供暖系统和空调。另一替代能源是太阳能板。

马尔默明日之城是全世界最大的100%使用可再生能源的城市住宅区，已建成的区域内有1600户、约5000人生活于此。维持这座“明日之城”运作的电力，主要来自海上发电厂产生的风能，供暖则主要靠太阳能电池板和热泵。

1）节能

“明日之城”项目实现了1000多户住宅单元100%依靠可再生能源，如风能、太阳能、地热能、生物能等，并已达到自给自足。依靠风力发电，主要来自于距小区以北3km处的一个2MW风力发电站，能够满足小区所有住户的家庭用电、热泵及小区电力机车的用电；太阳能用于发电和供热，在小区一栋楼顶安有约120m的太阳能光伏电池系统，年发电量估计为1.2万kW·h，可满足5户住宅单元的年需电量，此外，还有1400m的太阳能板分别安装在8个楼宇，可满足小区15%的供热需求；采用地源热泵技术，通过埋在地下土层的管线，把地下热量“取”出来，然后用少量电能使之升温，供室内暖气使用或提供生活热水等；住宅区的生活垃圾和废弃物，通过马尔默市的市政处理站，可以将生产的电力和热力回用于小区。

2）建筑节能

瑞典地处北欧，冬季漫长寒冷，夏季短暂而凉爽，因此所有建筑物最主要的能源消耗就是取暖。建筑供暖占瑞典总能耗的1/4，占建筑能耗的87%。“明日之城”住宅示范区能源的消耗主要集中在暖通空调和家庭用电方面，小部分用于驱动热泵、小区电瓶车的充电以及其他公共设施的运转。“明日之城”严格规定每户的能源消耗（包括家庭用电、暖通空调）不能超过每年每平方米105kW·h，在满足使用需要和保障舒适度的同时，体现了节约能源的原则。同时采取多种措施，要求从楼面设计、建材选择、户内电器的配套上都力求实现能源效率高、日常能耗少。例如，普遍采用断桥式喷塑铝合金门窗、高效暖气片（配备温控阀）、可调式通风系统、节能灯具、空心砖墙及复合墙体技术；部分楼宇安装有可热量回收的新风系统、加厚的复合外墙外保温墙板等。另外，采用智慧管理，充分利用IT信息技术，在能源生产与消耗、用水、垃圾、交通等设备安装方面运用电子卡技术，实行全过程的管理、控制和运行监测。

3）对下一代的环保教育

为了长久地在整个城市推进可持续发展，马尔默还创新性地通过可持续学校，专注于对下一代的环保教育。这种“可持续学校”从一砖一瓦到校长的专业能力，都将完全从可持续原则进行考量。饮食方面只食用绿色食品，校舍采用的建筑材料必须优质可靠，符合严格的环境要求，突出绿色节能的设计理念。许多教学活动被安排在户外，学校的房屋不仅用于教学，还可以成为附近社区居民聚会休闲以及兴趣小组的活动场所。操场是可持续学校最有特色的部分，被设计为“延伸的教室”，拥有提供户外照明的小型风力发电机、小型沼气池和一组水梯。学生们可以通过这些设施了解可再生能源的工作原理，还可以研究不同电器的能源消耗量。此外，他们还可以学习自然循环，如物质在自然界的降解速度。而传统意义上的操场功能一样也不少，还种有各种果树和灌木丛，也是绝佳的聚会地点。在马尔默孩童的眼里，健康的饮食、充满发现的实验、循环利用的能源资源，是如此理所应当、自然而然。

3.6.4 小结

马尔默已由传统重工业为支柱产业的城市，逐渐成为以信息化科技化为特征的新型城市。这种以城市功能转型为契机的城市旧区改造对中国中小城市改造具有重要启示。由于全球化以及中国城市间发展的不平衡，部分发达城市及重工业城市已经出现大量旧工业区，如何处理中国城市旧工业区并将其重新纳入城市功能成为影响城市发展的问题。当前，我国正在进行有计划的城市更新，城市功能复合多样，需要探索多类型的城市更新模式。马尔默住宅将旧工业区转化为生活、居住及工作一体化的新型社区，这种混合开发模式对中国生态城市建设具有一定参考意义。

另外，马尔默在建设低碳城市方面所取得的成就也向世界昭示着城市化本身并不是问题，问题在于城市的规划和管理者持有什么样的理念，以及如何实施这些理念。马尔默在规划上注重“顶层设计”，各部门相互配合。在功能布局上强调功能混合，将西港区规划成为一个功能混合，融合居住、商业和科教等多功能的强力集合体；同时凸显港区特色，并引入生态理念。可持续发展同样是西港区开发的关键性理念，这一地区将成为一个具有环境适应力的都市区，证明了物种的多样性同样可以在密集开发的都市内实现。

第4章

北欧绿色建筑发展历程及节能技术标准

一个国家绿色建筑的发展要符合其所处的经济发展阶段，是一个循序渐进逐渐完善的过程。北欧的绿色建筑经过几十年的发展，其标准体系、政策法规等均相对成熟。本章以北欧代表国家芬兰与中国作比对，研究二者在绿色建筑发展历程及现状、政策法规、技术体系、标准体系等方面的差别，可以为我国绿色建筑的发展提供借鉴和参考。

4.1 绿色建筑概述

4.1.1 绿色建筑发展的背景及概念

现行国家标准《绿色建筑评价标准》GB 50378中提出：绿色建筑是指在全寿命期内，节约资源、保护环境、减少污染，为人们提供健康、适用、高效的使用空间，最大限度地实现人与自然和谐共生的高质量建筑。

“绿色建筑”的“绿色”，并不是指一般意义的立体绿化、屋顶花园，而是代表一种概念或象征，绿色建筑指对环境无害，能充分利用环境自然资源，并且在不破坏环境基本生态平衡条件下建造的一种建筑，又称为可持续发展建筑、生态建筑、回归大自然建筑、节能环保建筑等。绿色建筑包含室内环境和室外环境两部分内容（图4–1）。

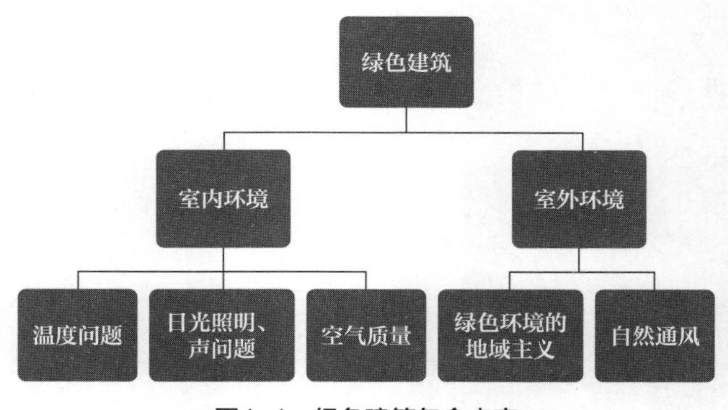

图4–1 绿色建筑包含内容

4.1.2 中国绿色建筑发展

1. 中国绿色建筑的政策指导

2001年，建设部通过了《绿色生态住宅小区建设要点与技术导则》。它在我国首次明确提出“绿色生态住宅小区”的概念、内涵和技术原则。它的总体目标是：以科技为先导，以推进住宅生态环境建设及提高住宅产业化水平为总体目标，以住宅小区为载体，全面提高住宅小区节能、节水、节地、治污总体水平，带动相关产业发展，实现社会、经济、环境效益的统一。

2005年《国家中长期科学和技术发展规划纲要（2006—2020年）》明确提出建筑节能与绿色建筑是“城镇化与城市发展”重点领域的五个优先主题之一；2006年3月，科技部与建设部签署了“绿色建筑科技行动”合作协议；2009年8月，国务院常务会议提出绿色经济就是低碳排放为特征的绿色工业、绿色建筑和绿色交通体系；2009年8月，我国政府颁布了《关于积极应对气候变化的决议》，提出要立足国情发展绿色经济、低碳经济；2012年5月，科技部印发《“十二五”绿色建筑科技发展专项规划》。

2012年4月，财政部与住房和城乡建设部两部门联合对外发布《关于加快推动我国绿色建筑发展的实施意见》，明确将通过建立财政政策激励机制、健全标准规范及评价标识体系、推进相关科技进步和产业发展等多种手段，力争到2020年，绿色建筑占新建建筑比重超过30%，还要力争到2014年政府投资的公益性建筑和直辖市、计划单列市及省会城市的保障性住房全面执行绿色建筑标准，到2015年，新增绿色建筑面积10亿m^2以上。该意见确定了2012年高星级绿色建筑的财政奖励标准：二星级绿色建筑每平方米建筑面积可获得财政奖励45元；三星级绿色建筑每平方米奖励80元。

2013年4月，住房和城乡建设部公布《“十二五”绿色建筑和绿色生态城区发展规划》，明确了五大目标，包括：实施100个绿色生态城区示范建设；2014年起直辖市等建设的保障性住房将率先执行绿色建筑标准；2015年起直辖市的新建房地产项目力争50%以上达到绿色建筑标准；完成北方供暖地区既有居住建筑供热计量和节能改造4亿m^2以上；结合农村危房改造实施农村节能示范住宅40万套。2015年，为进一步提高建筑节能与绿色建筑发展水平，在充分借鉴国外被动式超低能耗建筑建设经验并结合我国工程实践的基础上，住房和城乡建设部印发《被动式超低能耗绿色建筑技术导则（试行）（居住建筑）》。

2017年，《建筑节能与绿色建筑发展"十三五"规划》印发，明确了建筑节能与绿色建筑发展的具体目标是：到2020年，城镇新建建筑能效水平比2015年提升20%，部分地区及建筑门窗等关键部位建筑节能标准达到或接近国际现阶段先进水平。城镇新建建筑中绿色建筑面积比重超过50%，绿色建材应用比重超过40%。完成既有居住建筑节能改造面积5亿m^2以上，公共建筑节能改造1亿m^2，全国城镇既有居住建筑中节能建筑所占比例超过60%。城镇可再生能源替代民用建筑常规能源消耗比重超过6%（表4–1）。

"十三五"时期建筑节能和绿色建筑主要发展指标 **表4–1**

指标	2015	2020	年均增速[累计]	性质
城镇新建建筑能效提升（%）	—	—	[20]	约束性
城镇绿色建筑占新建建筑比重（%）	20	50	[30]	约束性
城镇新建建筑中绿色建材应用比例（%）	—	—	[40]	预期性
实施既有居住建筑节能改造（亿m^2）	—	—	[5]	约束性
公共建筑节能改造面积（亿m^2）	—	—	[1]	约束性
北方城镇居住建筑单位面积平均供暖能耗强度下降比例（%）	—	—	[–15]	预期性
城镇既有公共建筑能耗强度下降比例（%）	—	—	[–5]	预期性
城镇建筑中可再生能源替代率（%）	4	6▲	[2]	预期性
城镇既有居住建筑中节能建筑所占比例（%）	40	60▲	[20]	预期性
经济发达地区及重点发展区域农村居住建筑采用节能措施比例（%）	—	10▲	[10]	预期性

注：1. 加注▲号的为预测值；

2. [ ]内为5年累计值。

2020年，住房和城乡建设部等多部门联合发布《绿色建筑创建行动方案》，确立了到2022年，当年城镇新建建筑中绿色建筑面积占比达到70%，星级绿色建筑持续增加，既有建筑能效水平不断提高，住宅健康性能不断完善，装配化建造方式占比稳步提升，绿色建材应用进一步扩大，绿色住宅使用者监督全面推广，人民群众积极参与绿色建筑创建活动，形成崇尚绿色生活社会氛围的创建目标。

2．中国绿色建筑的建设情况

总体而言，中国绿色建筑建设具有如下特点。

（1）发展规模不断扩大，发展效益初步显现

我国自2008年4月正式开始实施绿色建筑评价标识制度，截至2018年底，全国城镇建设绿色建筑面积累计超过30亿m^2，绿色建筑占城镇新建民用建筑比例超过50%，获得绿色建筑评价标识的项目超过1.3万个。绿色建筑在节地、节能、节水、节材和环境友好等方面的综合效益已初步显现，形成了一批示范项目和标杆项目，为推动绿色建筑发展树立了标杆。

（2）推动绿色发展的政策框架基本建立

一是明确了绿色建筑发展的战略和目标。2013年国家《绿色建筑行动方案》以及各地方绿色建筑行动实施方案的出台，2014年《国家新型城镇化规划（2014—2020年）》的发布，明确了绿色建筑的发展战略与目标要求。中央城市工作会议、党的十九大报告更是进一步明确了绿色战略导向。多个省市在建筑节能与绿色建筑"十三五"规划、住房和城乡建设事业或节能减排"十三五"规划中，也对绿色建筑相关内容作出了要求。二是推进路径基本确定。各地推进绿色建筑发展，主要是采取"强制"与"激励"相结合的方式。

（3）支撑绿色建筑发展的标准体系逐步完善

新版《绿色建筑评价标准》GB/T 50378于2019年8月1日正式实施。作为规范和引领我国绿色建筑发展的根本性技术标准，《绿色建筑评价标准》（以下简称《标准》）自2006年发布以来，历经十多年的"三版两修"，此次修订之后的新《标准》以贯彻落实绿色发展理念、推动建筑高质量发展、节约资源保护环境为目标，创新重构了“安全耐久、健康舒适、生活便利、资源节约、环境宜居”五大指标体系，更加注重品质，注重提升人民群众获得感、幸福感和安全感。同时，与新《标准》衔接，《绿色建筑评价标识管理办法》正在修订中，两者相辅相成，共同推进绿色建筑评价工作。另外，一大批涉及绿色建筑设计、施工、运行维护的标准，专题针对绿色工业、办公、医院、商店、饭店、博览、校园、生态城区、既有建筑绿色改造等评价的标准，以及民用建筑绿色性能计算、既有社区绿色化改造技术规程和绿色超高层、保障性住房、数据中心、养老建筑等技术细则也相继颁布，共同构成了绿色建筑发展的标准体系。绿色建筑标准体系正向全寿命周期、不同建筑类型、不同地域特点，以及由单体向区域等不同维度充实和完善。

（4）评价标识制度有力地推动了绿色建筑的发展

为规范我国绿色建筑评价标识工作，住房和城乡建设部等相关部门自2007年起发布了一系列管理文件，对绿色建筑评价标识的组织管理、申报程序、监督检查等相关工作进行了规定，并陆续批准了各省、自治区、直辖市、计划单列市开展本地区一、二星级绿色建筑评价标识工作，评价机构基本覆盖全国，形成了从中央到地方的组织机构形式。为转变政府职能，促进绿色建筑健康快速发展，住房和城乡建设部办公厅于2015年10月发布了《关于绿色建筑评价标识管理有关工作的通知》，提出了逐步推行绿色建筑标识实施第三方评价。第三方绿色建筑标识评价制度的建立，有利于以市场的方式推动绿色建筑的发展。

（5）绿色建筑的技术支撑不断夯实，增量成本逐年降低

随着国家和住房和城乡建设部对绿色建筑研究项目的支持，绿色建筑规划设计、既有建筑绿色化改造、绿色建造等共性关键技术取得突破，绿色建筑材料和产品性能不断提升。绿色建筑与互联网融合，运用物联网、云计算、大数据等技术，提高节能、节水、节材的效果，降低温室气体排放。此外，可再生能源利用、外遮阳、雨水集蓄、市政中水、预拌混凝土、预拌砂浆等绿色技术在部分地区已逐步强制推广应用，加之“被动技术优先、主动技术优化”等绿色建筑理念的认识不断深入，许多增量成本低、地域适应性好、技术体系成熟的绿色建筑技术逐渐被市场接受，绿色建筑的增量成本逐年降低。

随着人们对绿色建筑和低碳环保的理解越来越深刻，近十年我国绿色住宅有了飞跃式的发展。目前，我国已有29个省、自治区、直辖市、副省级城市开展了当地的绿色建筑标识评价工作。全国绿色建筑呈现了良好的发展态势。2008—2010年，全国共有112项、涉及建筑697栋、面积达900多万m^2绿色建筑评价标识项目；2011年，全国共有353项绿色建筑评价标识项目，其中2011年241项、涉及建筑1950栋、面积达2505万m^2（图4-2）。绿色住宅的发展前景明朗。

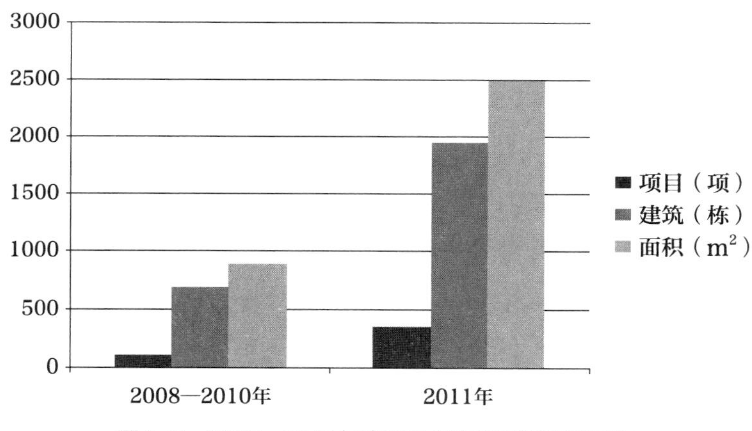

图4-2　2008—2011年我国绿色建筑标识评价工作

2000年底，全国既有房屋建筑面积中，能够达到供暖建筑节能设计标准的仅占全部城乡建筑面积的0.5%，占城市既有供暖居住建筑面积的9%。截至2005年，在设计阶段新建建筑节能标准执行率已经上升到了53%。2004年，北京、天津等城市已经率先开始执行居住建筑节能65%的标准。

但是，全国绿色建筑发展情况并不均衡，绿色建筑评价标识项目主要分布在东部沿海经济发达的省市。截至2011年底，江苏77项，上海43项，广东38项，浙江20项，北京21项，天津19项，四川9项。

据统计，截至2017年12月，全国共评出10927个绿色建筑标识项目，建筑面积超过10亿m^2。在此过程中，绿色建筑技术取得了长足的发展和进步，不断融入建筑工程的各个环节，绿色建筑推行早期的部分建筑技术和产品，已经在当前建筑工程建设中实现了常态化应用，在建筑质量提升、人居环境改善方面发挥了积极作用，技术发展与创新让建筑使用者的体验感、获得感和幸福感得到了提升。最新数据显示，截至2020年底，全国累计绿色建筑面积已达到了66.45亿m^2。

3．中国绿色建筑的评价标准

2006年6月实施的《绿色建筑评价标准》GB/T 50378—2006，适用于住宅建筑、办公建筑、商场建筑和旅馆建筑公共建筑的评价。该标准中，说明了8个节地指标（户均面积、人均居住用地指标、容积率、地下建筑与建筑占地面积比、建筑密度、室外透水地面面积比、住区绿地率、人均公共绿地指标）之间的勾稽关系，对绿色住宅的深化与发展起到了方针上的指导作用（图4-3）。

《绿色建筑评价标准》GB/T 50378—2014[①]是由住房和城乡建设部发布，中国

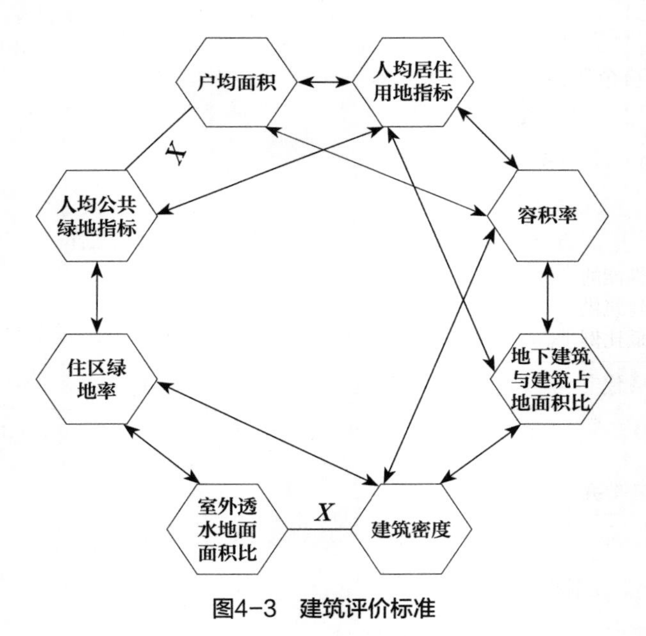

图4-3 建筑评价标准

① 本标准经住房和城乡建设部以公告第408号批准、发布，自2015年1月1日起实施，原《绿色建筑评价标准》GB/T 50378—2006同时废止。

建筑科学研究院与上海市建筑科学研究院（集团）有限公司联合主编，适用于绿色民用建筑的评价。绿色建筑评价指标体系由节地与室外环境、节能与能源利用、节水与水资源利用、节材与材料资源利用、室内环境质量、施工管理、运营管理7类指标组成，每类指标均包括控制项和评分项。评价指标体系还统一设置加分项，鼓励绿色建筑技术、管理的创新和提高。

2017年，《绿色建筑后评估技术指南》（办公和商店建筑版）印发，评价内容包括建筑运行中的能耗、水耗、材料消耗水平，建筑提供的室内外声环境、光环境、热环境、空气品质、交通组织、功能配套、场地生态，以及建筑使用者干扰与反馈。该指南为进一步提高绿色建筑发展质量，确保绿色建筑各项技术措施发挥实际效果提供了保障。

2019年，住房和城乡建设发布《绿色建筑评价标准》GB/T 50378—2019，评价指标体系由安全耐久、健康舒适、生活便利、资源节约、环境宜居5类指标组成，且每类指标均包括控制项和评分项。绿色建筑可划分为基本级、一星级、二星级、三星级4个等级（表4–2）。

一星级、二星级、三星级绿色建筑的技术要求　　表4–2

	一星级	二星级	三星级
围护结构热工性能的提高比例，或建筑供暖空调负荷降低比例	围护结构提高5%，或负荷降低5%	围护结构提高10%，或负荷降低10%	围护结构提高20%，或负荷降低15%
严寒和寒冷地区住宅建筑外窗传热系数降低比例	5%	10%	20%
节水器具用水效率等级	3级	2级	
住宅建筑隔声性能	—	室外与卧室之间、分户墙（楼板）两侧卧室之间的空气声隔声性能以及卧室楼板的撞击声隔声性能达到低限标准限值和高要求标准限值的平均值	室外与卧室之间、分户墙（楼板）两侧卧室之间的空气声隔声性能以及卧室楼板的撞击声隔声性能达到高要求标准限值

续表

	一星级	二星级	三星级
室内主要空气污染物浓度降低比例	10%	20%	
外窗气密性能	符合国家现行相关节能设计标准的规定，且外窗洞口与外窗本体的结合部位应严密		

同时，国内近几年出台了几套绿色建筑的评价体系，基本符合我国对发展绿色建筑的要求，即“四节一环保”的目标。绿色建筑评价标准的目标实现方式与LEED绿色建筑评价标准较为接近，采取将指标逐项分解打开的方式；其余两种则结合了较多的建筑生命周期评估的思想，评估是分生命周期不同阶段进行的。表4–3所示为各评价体系比较。

各评价体系比较 **表4–3**

目标	生态住宅Ecohomes	美国绿色建筑评估体系LEED-ND	日本建筑物综合环境性能评价体系CASBEE	中国生态住宅技术评估手册（2003）	生态住宅（住区）环境标志产品认证标准	绿色建筑评价标准
类型	单一目标	单一目标	复合目标	复合目标	复合目标	复合目标
主要内容	环境友好度	环境友好度	最小的环境代价换取最大的生活舒适性	节能、节水、节地、节材		
实现方法	逐层分解打分	逐层分解打分	分类考察、归类处理	按生命周期评估	按生命周期评估	逐层分解打分

4.1.3 北欧绿色建筑发展

发达国家和地区早在20世纪60年代开始探索“绿色建筑/可持续建筑的发展战略与技术”，成立了相关的技术协会、研发组织，并研究制定了相应的评价指标体系。20世纪60年代，美国建筑师保罗·索勒瑞提出了生态建筑的新理念。1969年，美国建筑师伊安·麦克哈格著《设计结合自然》一书，标志着生态建筑学的正式诞生。20世纪70年代，石油危机使得太阳能、地热、风能等各种建筑节能技术应运而生，节能建筑成为建筑发展的先导。1980年，世界自然保护组织首次提出“可持续发展”的口号，同时节能建筑体系逐渐完善，并在德、英、法、加拿大等发达国家广泛应用。1987年，联合国环境署发表《我们共同的未来》报告，确立了可持续发展的思想。1990年世界首个绿色建筑标准在英国发布；1992年“联合国环境与发展大会”使可持续发展思想得到推广，绿色建筑逐渐成为发展方向；1993年美国创建绿色建筑协会；2000年加拿大推出绿色建筑标准。

其中，美国绿色建筑评估体系（LEED）是由美国绿色建筑协会建立并推行的“绿色建筑评估体系”（Leadership in Energy & Environmental Design Building Rating System），国际上简称LEEDTM，在目前世界各国的各类建筑环保评估、绿色建筑评估以及建筑可持续性评估标准中被认为是最完善、最有影响力的评估标准。LEED认证评价要素如图4-4所示。

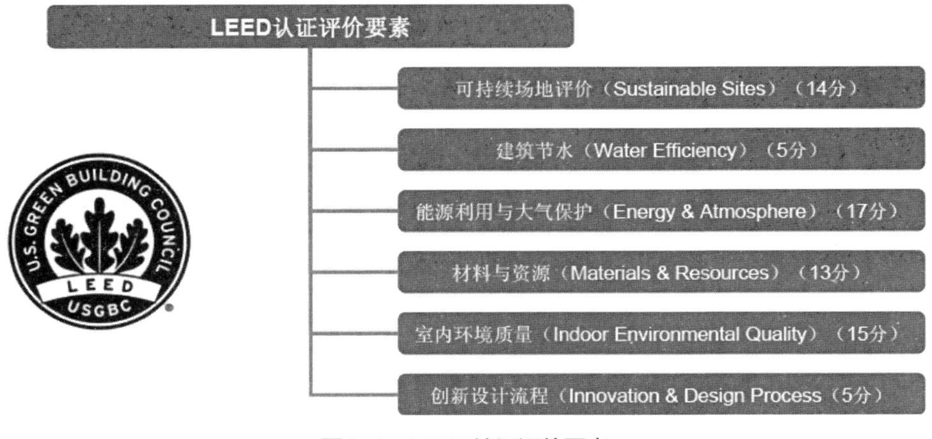

图4-4　LEED认证评价要素

在全球范围内，北欧城市是在能源和建筑交叉领域缓解污染的先驱。哥本哈根、赫尔辛基和斯德哥尔摩有效地融合了各种较为容易实现的解决方案，如改造建筑物以改善热绝缘和通风，安装太阳能电池板，以及结合绿色转型和数字技术的智能解决方案等。这些措施包括安装智能传感器和电表，以期提高能源效率；

设计与循环建筑理念相辅相成的智能建筑。因此，芬兰、瑞典、丹麦、挪威是北欧绿色建筑的引领者。

芬兰在低碳建筑方面一直处于世界领先地位。早在20世纪50年代，芬兰等北欧国家的建筑工业就得到迅速发展，新技术、新材料不断问世，叠层木、隔热玻璃、高效保温材料等的创新应用，给建筑师的创作提供了全新的方向。到20世纪60年代末期，一大批优秀建筑作品应运而生，因此当今芬兰的建筑绝大部分都是节能建筑。2002年，芬兰环境部又制定了建筑物节能新标准。其中规定，新的建筑物的墙体必须要有绝热层，以改善房子的保温效果。此外，芬兰新的建筑物均采用新型绝热墙体材料，增加了墙体的厚度。有数据统计，以上措施可使建筑物热能在原节能的基础上再减少消耗10% ~ 15%。通过案例分析和总结，不难发现，芬兰绿色建筑的技术路线一般是：节能建筑+太阳能利用系统+地源热泵系统+应急能源系统+室内空气监控系统+室内用能监控系统+垃圾分类处置系统。而绿色建筑的实施控制路线是：节能建筑设计+建筑节能材料+施工过程控制+全程实时监控+分时分区控制。不管是对于技术路线还是实施控制路线，芬兰当地都有着丰富的经验，这些方面也是我们目前与芬兰合作需求的技术重点。

瑞典拥有比较完善的绿色建筑法律法规体系，在建筑节能技术研发、使用和推广方面居于世界领先水平。1967年瑞典就发布了第一部住宅标准法规。2005年，瑞典住宅建筑规划委员会又公布了修订后的建筑法规、强制性规定和建议性法规，包括节能的条款。瑞典政府对住宅墙体和门窗的保温隔热系统、室内新风系统、热量回收系统、中央吸尘系统、防火门电磁阀控制系统和户内消防软管系统的配置提出了明确的要求，要求它们都需要符合瑞典国家环境、节能使用标准。瑞典积极建造被动式住宅，截至2017年，已有约2000个被动式住宅。瑞典政府提出，无论是即将建造的房子，还是已有的房屋，都必须以节约能源为原则，室内能源的使用量到2020年必须整体减少20%。2017年，韦克舍世界贸易中心获得了能源与环境设计先锋（LEED）铂金级认证。

丹麦绿色建筑的环保节能理念先进，是欧洲可持续建筑的典范。对丹麦人来说，可持续是一种整体性的方式，其中包括对隐含碳、可再生能源、水管理、废物回收和绿色交通的侧重关注。丹麦的建筑规范要求是丹麦绿色城市化进程中一个非常有效的手段。这些规范不仅提高了新建筑物的节能性能，而且刺激了创新，从而能够从总体上增加成本效益，促进发展。丹麦第一个按照碳中和理念设计的公共建筑是哥本哈根大学的“绿色灯塔”建筑，该建筑因其自然采光系统、主被动式设计相结合和节能设计途径，已成为当代绿色建筑的标杆（图4-5）。

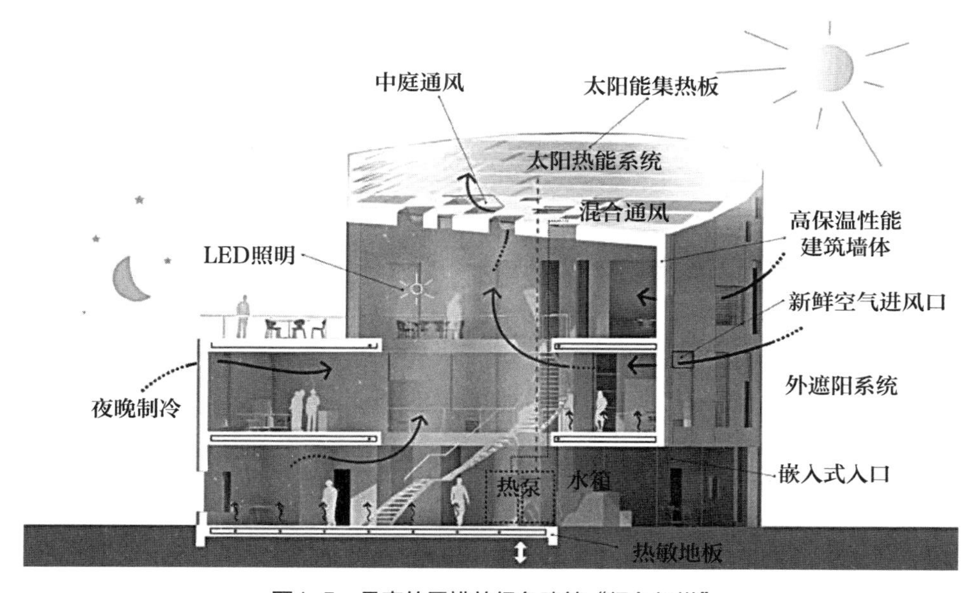

图4-5　丹麦的零排放绿色建筑“绿色灯塔”

挪威同样是绿色建筑领域的佼佼者，近年来大力打造新能源绿色住宅，实现“零排放”。总体而言，挪威建筑业的绿色转型经历了生态建筑、低能耗建筑以及被动式节能屋时期，每一个转型期都有各自的发展特点。挪威建筑业绿色转型的第一个时期被称为生态建筑时期（1998—2003年），是从一项“生态建筑计划”的环境议程开始的，该议程目的是提高建筑从业人员的生态效益意识。这一时期的建筑风格突出了“生态城市”的概念，融入了大自然、城市花园和绿色屋顶的元素，而且许多建筑项目的设计原则都以“生态建造准则”为重点。2004—2008年的挪威建筑业绿色转型期间被称为低能耗建筑时期（第二个时期），是因为这一期间的建筑项目所涉及的文件都被确定为低能耗。该时期建筑业绿色转型的重点是节约能源和提高能源利用效率，早期对自然资源、贴近大自然、灰水回收利用、堆肥、城市花园等的关注渐渐被对能源与被动式节能屋设计原理的关注所取代。2009—2013年，被动式节能屋在建筑业绿色转型中占据主导地位，这一时期被称为被动式节能屋时期（第三个时期）。2012年，挪威发布被动式节能屋标准（NS3700），明确了被动式独立住宅项目和公共建筑项目的节能屋建造标准。2019年，挪威特隆赫姆海滨新造了一座新办公楼，由于该建筑产生的能源比消耗的能源更多，因此被称为世界上最北端的能源积极建筑。

4.2 节能技术的发展历程及现状

4.2.1 芬兰节能技术的发展历程及现状[①]

自20世纪70年代全球能源危机以来，全世界都开始认识到节约能源的重要性。由于建筑耗能在社会总耗能中所占比重较大，因此建筑节能成为世界节能浪潮的主流之一。世界各国相继开展了能源的综合利用与节约工作。在发达国家，建筑节能经历了三个阶段：第一阶段，在建筑中节约能源；第二阶段，在建筑中保持能源，减少热损失；第三阶段，提高建筑中的能源利用效率。目前已有近60个国家和地区发布了建筑节能法规和标准，均取得了不同程度的成效。

作为芬兰能源政策方案和策略的一部分，促进节能和提高能效已经在1992年之前被提到很重要的位置。在1974年的石油危机和1980年的节能委员会报告中，节约能源已经作为一个重要部分非常清晰地被提及。1992年，芬兰政府批准了第

① 北欧地区包括欧洲北部的挪威、瑞典、芬兰、丹麦和冰岛5个国家，以及实行内部自治的法罗群岛，总面积130多万平方千米。因各国国土面积不大，交流频繁，节能发展状况相近，故本节以芬兰为代表，选取芬兰绿色建筑节能技术标准体系来代表北欧国家绿色建筑标准体系，并将其与国内情况进行对比。

一个独立的1992—1996的五年节能计划。行动计划的目的是在形式上改进具体的单位消耗量，同时设定项目到2005年实现。单位消耗量降低10% ~ 15%的目标主要依赖行业消费。在节能计划实施期间，一个名叫“Motiva”的节能服务中心被建立起来。设立它的目的在于，发布和推动信息传播及调查活动并促进新的节能产品和系统进入市场。作为政府能源节约计划的一部分，一个独立的公共部门能源节约署（JUSO 1993）在1993年成立，其节能目标是减少10%的热能消耗和10% ~ 15%的电器能耗。

1995年，芬兰政府原则上通过了关于能源节约的新决定，旨在进一步加强确立于1992年的能源节约计划。新的能效计划是基于当前的能源经济形势和未来的能源价格制定的，并考虑了欧盟能源政策的发展。其中一个基本的假设是节能的促进不能依赖于不断增加的政府补助。另外，整个政府部门将不得不越来越多地关注和促进能源利用效率提高。这个计划同时还考虑了将能效提高与积极的就业政策相结合所带来的益处。公共财政将会专注于新技术的研发和营销。这就意味着会对研发、产品开发和示范工程进行补贴。与没有实行积极的能源效率政策的情况相比，能源效率计划将会减少10% ~ 15%的能源消耗。在贸易和工业部的领导下，一种新的能源节约计划（ESO 2000）在2000年成立。更加精确的目标已经在不同的领域单独设置。主要的措施包括：能源税、对建筑维修的补助、对节能相关研究开发的补助、第三方融资、技术采购、修订建筑标准、工业和商业写字楼的能源审计、建筑认证、能源效率标准和自愿节能协议等。其目的是通过芬兰国家气候计划来实现减少温室气体排放的国际目标。

ESO 2000计划在2002年更新。相对于没有实行节能计划的情况，新的ESO 2002计划要求到2010年，达到减少6%的一次性能源消耗的最大节约效果。工作组在编制计划时估计，在2001—2010年期间实际达到的节能效果是不确定的，节能率处于ESO 2000的4%至ESO 2002的6%之间。来自2005年节能协议报告的后续信息表明，尽管电器的节能效果超过了ESO 2002的要求，但是2001—2006年期间的热能和工业燃料的节能效果却处于ESO 2000和ESO 2002的要求之间。在服务行业，电力节能满足目标值要求，但在热能的节能上明显低于ESO 2000的要求。作为一个整体，每年的节能效率在5%左右。没有一个单独的能源节约计划被制定出来作为ESO 2002计划的延续，因为能源节约和能效提高已经被提升到芬兰的国家能源和气候战略高度。作为芬兰新的国家能源和气候战略筹备工作的一部分，能源节约计划将会在2008年被重新制定。

芬兰的建筑节能技术大约经历了四个发展阶段。

第一阶段为20世纪70年代初期，两次中东战争导致石油输出国对当时严重依赖进口石油的北美和欧洲等国家实行石油禁运，使发达国家经历了严重的石油危机，发达国家不得不严格限制用能，在降低室内供暖温度设定和减少通风量的同时，增强了建筑物的气密性。学者们开始在舒适健康与节能之间寻找新的平衡。

第二阶段为20世纪80年代初期，研究者发现，20世纪70年代的限制建筑用能政策带来了一系列后遗症，长时间在新风量不足的办公楼工作的白领们患上了“建筑综合征”，室内空气品质劣化的问题凸显出来。20世纪80年代中期，出现了智能化大楼，为第三产业的迅速发展提供了必要的条件。为保证智能大楼脑力劳动者的高生产率，智能大楼必须具有舒适、健康、安全的室内热环境。学者们又在生产率与节能之间寻找新的平衡。

第三阶段为进入20世纪90年代，全球气候变暖成为世人瞩目的焦点，人们又开始研究既追求舒适与效益又有节制地消耗地球资源的可持续发展理论。该理论成为芬兰的基本国策，建筑节能上升到前所未有的地位。

第四阶段即今后发展趋势。随着能源短缺和环境污染带来的巨大压力，今后建筑节能发展的目标是用有限的资源和最小的能源代价来获取最大的经济和社会效益，以满足人类对资源日益增长的需求。具体表现为大量利用可再生能源和利用室内热环境，在夏季减少热量的侵入，在冬季或夜间则减少能量损失。

2002年，芬兰环境部制定了建筑物节能新标准，要求新的建筑物的墙体必须要有绝热层，以改善房子的保温效果，该措施可使建筑物热能的消耗在原节能率的基础上再减少10%～15%。

4.2.2 中国节能技术的发展历程及现状

以化石能源为基础的工业社会已悄然地把人类带入了“高碳经济”体系，化石能源是以高二氧化碳排放为代价的。中国正处于快速工业化、城市化的发展时期，经济社会的高速发展势必带来二氧化碳排放量的增长。在能源、资源短缺，环境恶化日益严峻的客观事实面前，发展低碳经济是必然之选，但发展低碳经济又不能以牺牲经济发展速度为代价。目前，中国实现低碳减排的途径有四种：第一是加快节能产业的发展；第二是增大可再生能源和新能源产业的发展比重；第三是优化碳捕获与碳储存的技术途径；第四是扩大核能产业的发展。在这四种路径中，节能技术和节能产业的发展尤为重要。

可以看出，我国政府对节能技术高度重视，已经将其提升到国家战略的层面，制定了一系列的法律法规，推进节能技术的研究和发展应用，继续实施积极的财政政策，促进经济稳定增长。落实和完善结构性减税政策；落实支持小微型企业发展的税收政策，完善促进流通产业发展的财税政策措施；继续清理规范行政事业性收费和政府性基金，取消不合理的涉企收费项目；落实促进民间投资的财税优惠政策，政府性资金安排对民间投资主体同等对待；实现经济的可持续增长，关键要推动经济发展方式转变，夯实经济发展的动力；政府要发挥财税政策调控优势，推进经济结构调整和发展方式转变；推进节能减排综合示范工作，加快节能技术改造，淘汰落后产能；抓紧落实现有扶持中小企业发展的各项政策，促进中小企业特别是小微型企业技术创新、结构调整和扩大就业。加快推进战略性新兴产业发展。具体到建筑节能领域，我国建筑节能技术发展从1980年至今经历了四个阶段。

第一阶段：1980—1986年，是建筑节能技术的研究与节能标准制定的探索阶段。1986年建设部颁发《民用建筑节能设计标准（采暖居住建筑部分）》JGJ 26—1986，目标是在1980—1981年当地通用设计供暖能耗基线的基础上实现节能30%。

第二阶段：1987—1994年，是第一个建筑节能设计标准的执行阶段。从1996年开始，在第一步节能目标的基础上节能30%，节能率累计达到50%。

第三阶段：1994年至今，是有组织地制定建筑节能政策和计划并组织全面实施阶段，我国相继颁布了多部节能标准。在第二步节能目标的基础上再节能30%，节能率累计达到65%。

第四阶段：2000年后成为转折点，建筑节能技术进入快速成长期，从国家节能发展政策及节能技术发展的趋势来看，我国大部分地区节能技术将在2010—2020年间实现成熟期向成长期的转变；2020年以后，我国建筑节能技术将达到成熟期，建筑节能水平将达到现阶段建筑节能技术发达国家的水平。

我国节能技术的发展也经历了一个从无到有，从初步了解到深入研究的过程。经过“十一五”时期的快速发展，我国节能服务产业规模从47.3亿元大幅递增到836.29亿元。2011年，节能服务产业产值首次突破1000亿元，达到1250.26亿元。通过测算，“十一五”期间，我国完成的节能量为6.3亿t标准煤。2010年《国务院关于进一步加大工作力度确保实现“十一五”节能减排目标的通知》提出：到2010年底，全国城镇新建建筑执行节能强制性标准的比例达到95%以上。近年来，中国提高了建筑节能标准，2005—2010年全面启动建筑节能和推广绿色建筑，要求平均节能率达到50%；2010—2020年，进一步提高建筑节能标准，要求平均节能率要达到65%。据统计，2013年，全国新增节能建筑14.4亿m^2，可形成1300万t标准煤节能能力；全国城镇累计建成节能建筑88亿m^2，约占城镇民用建筑面积的30%，共形成相当于8000万t标准煤的节能能力。2017年，《建筑节能与绿色建筑发展“十三五”规划》制定了绿色建筑全产业链发展计划，到2020年，城镇新建建筑中绿色建材应用比例超过40%；城镇装配式建筑占新建建筑比例超过15%。

4.3 政策法规及社会推广

4.3.1 芬兰绿色建筑支持政策及社会推动力

芬兰在1992年就推出了新能源技术开发和节能计划，可以说是拉开了芬兰在新能源和节能技术领域腾飞的序幕。此后芬兰又出台了一系列的法律法规，将新能源和节能技术的开发利用以法律的形式加以确立，规定了企业和公民在新能源的开发利用方面所应当承担的责任和义务，对能源行业企业利用新能源的比例和数量以配额的形式作出明确的规定，并规定了达不到标准的处罚措施。同时，在政策导向和税收方面对新能源和节能技术的开发给予支持和优惠，注重利用舆论导向的作用。纵观芬兰20多年来的新能源发展战略，可以总结出其最主要的四个特点，即法律上约束、政策上引导、税收上优惠、观念上宣传。

1．法律上约束

芬兰在新能源的开发及节能技术的应用方面，一向奉行法律先行的原则，同时也出台了一系列的政策规划和远景构想，在为新能源及节能技术的开发提供政策法规方面保障的同时，为整个社会的发展制定了明确的目标，对新能源及节能技术的利用标准作出了明确的规定。

2．政策上引导

其一，政府的公共设施率先使用新能源设备，建筑物率先安装太阳能设备，政府使用绿色能源车，在城市开发、道路建设和兴修水利等工程中也必须使用新能源。地方行政单位也必须在本地区优先使用无污染能源，通过利用新能源，努力建设无污染、无噪声和无热岛现象的街道。其二，发动民间组织，利用全民力量：一方面通过法律约束和税收优惠鼓励企业参与；另一方面发动民间组织参与新能源和节能技术的开发。在政策的引导下，芬兰许多民间团体参与了新能源和节能技术的推广行动，社会资金大量投向新能源和节能技术项目，民间团体与政府一同致力于太阳能、风能和生物质能发电的开发及应用。比如，采取政府、企业和大学三者联合的方式，共同攻关，克服在能源开发方面遇到的各种难题。

3．税收上优惠

芬兰政府制定了一系列税收优惠政策来促进节能技术和新能源技术的推广和

普及。例如，制定较高的新能源收购价格。对使用节能减排的产品或是对达到了节能减排标准的生产单位实行税收减免政策，以鼓励使用者及生产者努力采取节能减排措施。芬兰政府还为环保企业提供了多渠道的资金支持。政府为垃圾回收再利用项目提供30%～50%的资金支持，对风力发电、太阳能等项目可最高支持投资的40%。开征能源税和碳排放税，从而提高使用一次性能源的企业的成本，达到减少一次性能源消耗的目的。

4. 观念上宣传

一方面，通过政策和法律明确规定政府、企业都有开发和利用新能源的义务，通过向国民广泛宣传利用新能源的必要性和重要性，使国民牢固树立自觉利用新能源的意识。政府的新能源政策信息对社会公开，通过各种媒体做公益广告，普及新能源知识。另一方面，重视全民环保和从小培养节能意识。芬兰从小学开始设立环境保护的课程，定期组织中小学生参观用于改善环境的公共设施，使学生们从小具有新能源和节能的意识。

在芬兰，任何企业都可向政府申请可再生能源发展项目的资助，政府将给予企业25%～40%的资金补贴。企业可以自由利用这些补贴来参与各项具体的计划，不过这些计划的实施要受到政府的监控。2005年，芬兰政府用于这方面的资助经费达到3120万欧元。最近几年，这类资助还在不断增加，以进一步推动风能、太阳能、生物气体等有利于环境的能源项目开发。这其中，最引人注目的莫过于一种名叫“泥煤”的可再生能源。在芬兰南部城市福尔萨市，每天都会有许多大卡车从附近的湿地中收集大量泥煤运到某发电厂，这些泥煤在此经过转化后向周边地区供电。尽管在能源富足的国家，泥煤几乎不为人所关注，但在能源紧缺的芬兰，这种物质所产生的电力满足了福尔萨市近五万人口的用电、水暖需求。

芬兰政府在2009年10月公布的《长期气候与能源政策》报告中提出，到2050年，将芬兰温室气体排放量在1990年的水平上减少80%。到2020年，芬兰每年能源总消耗量能减少37TW·h，相当于少排放900万t二氧化碳。芬兰政府将在

2010—2020年间采取一系列措施提高能源利用效率，实现建筑节能减排。这些措施包括：进一步严格对新建楼房在能源消耗方面的规定，通过经济手段引导和支持对陈旧房屋进行修缮等。芬兰还将专门设立全国协调中心，为消费者提供与节能相关的信息咨询服务。此外，芬兰政府还将在今后10年投入公共资金，支持提高能效的项目研发和技术创新。2013年，芬兰政府向议会提交《国家能源和气候战略》，该战略更新的主要目标包括确保实现2020年的国家目标，并为实现欧盟制定的长期能源和气候目标铺平道路。2019年，芬兰政府发布题为《包容和有能力的芬兰——在社会、经济和生态方面可持续的社会》的政策文件，宣布将在2035年实现净零碳排放。表4-4所示为芬兰政府实施的节能法规。

芬兰政府实施的节能法规 **表4-4**

名称	实施年份
《包容和有能力的芬兰——在社会、经济和生态方面可持续的社会》	2019年
National Energy and Climate Strategy（国家能源和气候战略）	2013年
Government Decision on Energy Efficiency Measures（政府对能源效率措施的决定）	2010年
Energy Labeling of Passenger Cars（客车能源标签）	2010年
National Renewable Energy Action Plan（NREAP）（国家可再生能源行动计划）	2010年
Climate Policy Programme for the Ministry of Transport and Communications Administrative Sector 2009—2020（交通部和通信管理部门的2009—2020气候政策项目）	2009年
Amendment of Car Tax and Annual Vehicle Tax Regimes（汽车税修正案和年度汽车税制）	2008年
Amendment of the Building Code（建筑规范修正案）	2008年
Long-term Climate and Energy Strategy（长期的气候和能源战略）	2008年
Voluntary Energy Efficiency Agreements for 2008—2016（2008—2016自主节能协议）	2008年
Implementation of the EU Energy Performance of Buildings Directive（实施欧盟能源性能的建筑指令）	2007年
National Energy Efficiency Action Plan（国家能源效率行动计划）	2007年
Sustainable Community Technology Programme（可持续社区技术项目）	2007年
Extension of Voluntary Energy Conservation Agreements（扩展的节能自愿协议）	2006年

续表

名称	实施年份
Energy Grants for Residential Buildings（针对居民住宅的能源拨款）	2003年
Energy Tax Overhaul（能源税收改革）	2002年
Implementation of EU Directive on Fuel Economy and CO_2 Labels for Cars（对汽车实施欧盟的节约燃料和二氧化碳标签的指令）	2001年
Voluntary Agreements for Buildings（建筑自愿协议）	1999年
Voluntary Agreements in the Transport Sector（运输领域的自愿协议）	1999年
Energy Aid Scheme（能源援助方案）	1999年
Energy Audit Programme（能源审计项目）	1992年

4.3.2 中国绿色建筑支持政策及社会推动力

中国在节能减排方面除了采取技术性措施降低排放、减少污染外，在经济政策上也采取一系列措施加以配合，尤其在税收上制定了一系列行之有效的政策，大力推动了节能减排的发展。我国启动税收调控时间较晚，但进展较快，参照先进国家成功的经验，除了发挥行政作用外，还应尽量采用经济手段推进节能减排，在经济手段中注意发挥税收在节能减排中的作用。应加大经济手段力度，制定相应的税收政策，有效地促进节能减排的顺利发展，完成“十一五”确定的规划目标。

我国政府为促进节能减排事业的发展，先后制定出台了《中华人民共和国节约能源法》和《国务院关于加强节能工作的决定》等法律法规，并为了完善促进节能服务产业发展，出台了以下相关的政策措施。

1. 加大资金支持力度

将合同能源管理项目纳入中央预算内投资和中央财政节能减排专项资金支持范围，对节能服务公司采用合同能源管理方式实施的节能改造项目，符合相关规定的，给予资金补助或奖励。有条件的地方也要安排一定资金，支持和引导节能服务产业发展。

2．实行税收扶持政策

在加强税收征管的前提下，对节能服务产业采取适当的税收扶持政策：一是对节能服务公司实施合同能源管理项目取得的营业税应税收入，暂免征收营业税，对其无偿转让给用能单位的因实施合同能源管理项目形成的资产，免征增值税；二是节能服务公司实施合同能源管理项目，符合税法有关规定的，自项目取得第一笔生产经营收入所属纳税年度起，第一年至第三年免征企业所得税，第四年至第六年减半征收企业所得税；三是用能企业按照能源管理合同实际支付给节能服务公司的合理支出，均可以在计算当期应纳税所得额时扣除，不再区分服务费用和资产价款进行税务处理；四是能源管理合同期满后，节能服务公司转让给用能企业的因实施合同能源管理项目形成的资产，按折旧或摊销期满的资产进行税务处理，节能服务公司与用能企业办理上述资产的权属转移时，也不再另行计入节能服务公司的收入。上述税收政策的具体实施办法由财政部、税务总局会同国家发展改革委等部门另行制定。

3．完善相关会计制度

各级政府机构采用合同能源管理方式实施节能改造，按照合同支付给节能服务公司的支出视同能源费用进行列支。事业单位采用合同能源管理方式实施节能改造，按照合同支付给节能服务公司的支出计入相关支出。企业采用合同能源管理方式实施节能改造，如购建资产和接受服务能够合理区分且单独计量的，应当分别予以核算，按照国家统一的会计准则制度处理；如不能合理区分或虽能区分但不能单独计量的，企业实际支付给节能服务公司的支出作为费用列支，能源管理合同期满，用能单位取得相关资产作为接受捐赠处理，节能服务公司作为赠予处理。

4．进一步改善金融服务

鼓励银行等金融机构根据节能服务公司的融资需求特点，创新信贷产品，拓宽担保品范围，简化申请和审批手续，为节能服务公司提供项目融资、保理等金融服务。

5．广泛深入的社会普及和全民参与

利用政府和企业的资源以及资助开展与能源消费者利益密切相关的节能减排科普宣传行动，提供信息咨询服务，使国家能源发展和节能减排政策深入人心，使社会各领域能源消费者都有能力通过自身行动来为节能降耗和环境保护作出自己的贡献，促进国家节能减排目标的实现。

6．加大节能环保技术的示范建设

中国应该加大节能环保技术的试点推广，加快示范工程建设，从而推动节能环保产业工作全面有序开展。例如，建立废旧电器、废电池、废塑料等再生资源分拣、分选、拆解、分离、无害化处理、高附加值利用技术等资源循环利用关键技术研发及产业化示范工程。

建筑节能的经验表明，贯彻执行建筑节能标准法规、采取有效的节能管理激励政策以及利用节能基金，是进行建筑节能的有效途径。《中华人民共和国节约能源法》中已有关于建筑节能的法律条文，同时我国相应制定了一批技术法规和标准规范，如《严寒和寒冷地区居住建筑节能设计标准》JGJ 26—2018，《民用建筑热工设计规范》GB 50189—2015，《夏热冬冷地区居住建筑节能设计标准》JGJ 134—2010等，详见表4-5。

我国相关建筑节能规范 表4-5

标准名称		标准编号
居住建筑	夏热冬冷地区居住建筑节能设计标准	JGJ 134—2010
	夏热冬暖地区居住建筑节能设计标准	JGJ 75—2012
	民用建筑热工设计规范	GB 50176—2016
	住宅设计规范	GB 50096—2011

续表

标准名称		标准编号
居住建筑	严寒和寒冷地区居住建筑节能设计标准	JGJ 26—2018
	装配式混凝土结构技术规程	JGJ 1—2014
	老年人照料设施建筑设计标准	JGJ 450—2018
公共建筑	公共建筑节能设计标准	GB 50189—2015
	工业建筑防腐蚀设计标准	GB/T 50046—2008
	中小学校设计规范	GB 50099—2011
	建筑采光设计标准	GB 50033—2013
	智能建筑工程质量验收规范	GB 50339—2013
	公共建筑节能改造技术规范	JGJ 176—2009
建筑产品和其他分项	建筑照明设计标准	GB 50034—2013
	居住建筑节能检测标准	JGJ/T 132—2009
	外墙外保温工程技术标准	JGJ 144—2019
	建筑给水排水及采暖工程施工质量验收规范	GB 50242—2002
	制冷设备、空气分离设备安装工程施工及验收规范	GB 50274—2010
	风机、压缩机、泵安装工程施工及验收规范	GB 50275—2010
	建筑给水排水设计标准	GB 50015—2019
	通用用电设备配电设计规范	GB 50055—2011
	玻璃幕墙工程技术规范	JGJ 102—2003
	塑料门窗工程技术规程	JGJ 103—2008
	建筑节能工程施工质量验收标准	GB 50411—2019
	建筑设计防火规范	GB 50016—2014
	智能建筑设计标准	GB 50314—2015
	绿色建筑运行维护技术规范	JGJ/T 391—2016
	工业建筑供暖通风与空气调节设计规范	GB 50019—2015

4.4 主要绿色节能技术体系

4.4.1 芬兰绿色节能主要技术体系

芬兰很重视节能产品和建筑节能标准，针对新规划的住区建立了一套评价标准体系。由此形成的PIMWAG体系采用了一种“深度生态系统”（Deep Ecology）的原则方法，强调的是各生态的相关性和建筑绿色节能与人类的互动。建筑项目可以从污染、自然资源、健康、物种多样性和食物生产五大方面评价（图4–6）。

根据“积分点”原则，这一标准可划分为多个层面——项目只有累积到一定的积分点才能获得建造许可。一个项目的二氧化碳排放量50年内不得超过3200kg/m^2，住宅的平均排放量减少20%方可获得基本的零值积分；如果住宅的二氧化碳排放量减少33%，并使用被动式的太阳能装置，便可增加一个积分点；如果住宅的二氧化碳排放量减少45%，并积极地使用太阳能和缓冲层，便可达到两个积分点。不同的目标层次与不同的热能消耗量（105 ~ 65W・h/m^2）、饮

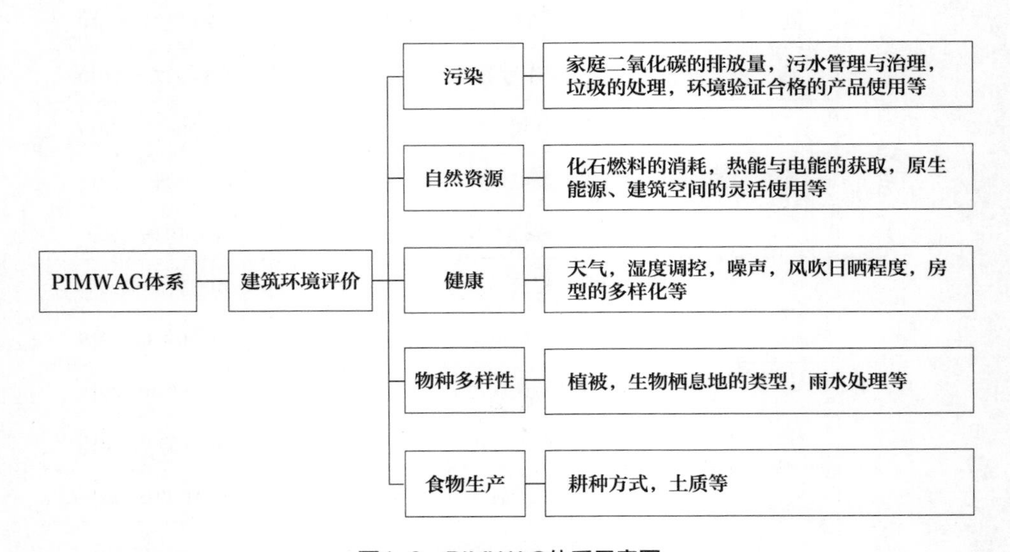

图4–6　PIMWAG体系示意图

用水消耗量[125～85L/（人·天）]以及垃圾污物量（19～10kg/m^2）是彼此对应的；如果额外造成建设成本不超过5%的增支，则要通过流动资本的集约来进行弥补。

1．具体节能措施

芬兰作为一个在全世界竞争力排名前列的国家，在建筑节能方面取得了长足的进步：第一，减少建筑物的耗能量，加强保温隔热措施；第二，有效利用自然能源；第三，加强节能管理工作；第四，限制居住环境水平，提高节能道德意识。具体节能技术措施有以下几个方面。

①在规划设计上重视有利于节能的建筑朝向和平面形状；限制建筑的体形系数；限制建筑物的窗墙比。

②改善外围护结构的热工性能。衡量围护结构热工性能优劣的一个重要指标是传热系数，有些发达国家已经降到0.2～0.35W/（m^2·K）之间，远低于我国现有规范标准。保温基本措施是采用高效保温材料加复面层，保温隔热材料多采用纤维材料和有机材料进行吊挂、粘贴。这些节能建筑材料中应用较为普遍的是玻璃棉、岩棉、聚苯乙烯。建筑用砖方面，由于多孔砖节能效益显著，因此发展很快，并朝轻质高强的方向发展。外墙节能结构的形式有内保温、外保温和中间夹芯保温等几种。此外，芬兰十分注重外墙及屋顶的气密性，防止空气和水蒸气的渗透。

③改善窗户设计，减少能耗。通常做法是采用双层玻璃、吸热玻璃、热反射玻璃等隔热性能良好的窗玻璃。最近，美国又研制出一种涂金属薄膜的窗玻璃，夏季把大部分太阳能和热能反射掉，具有良好的隔热性能，可以使窗的保温性能提高一倍以上。

④利用自然条件减少能耗，也是降低建筑能耗的方式之一。芬兰十分重视这种经济的节能措施，在设计方面重视屋檐、窗帘、遮阳板、挑阳台等构造措施，这些措施对调节自然、节省能源十分有效。利用周围自然条件，改善局部区域的微气候，也可以减少建筑能耗。在建筑物的周围种植花草树木，可以调节区域内

的微气候。夏天绿荫地气温一般要比其他自然地低3～5℃，树木绿叶具有遮阳作用，减少了空调能耗。此外，十分重视利用自然通风来降低空调制冷耗能。据计算，利用自然通风，一年可减少30%左右的空调动力费用。

2．政策框架

芬兰的工业生产力研究机构提供了一个关于工业能源效率的政策框架。图4–7所示的“政策金字塔”展示了这个政策框架里不同层面的政策措施，其中包含各种政策法规、措施和实施工具。

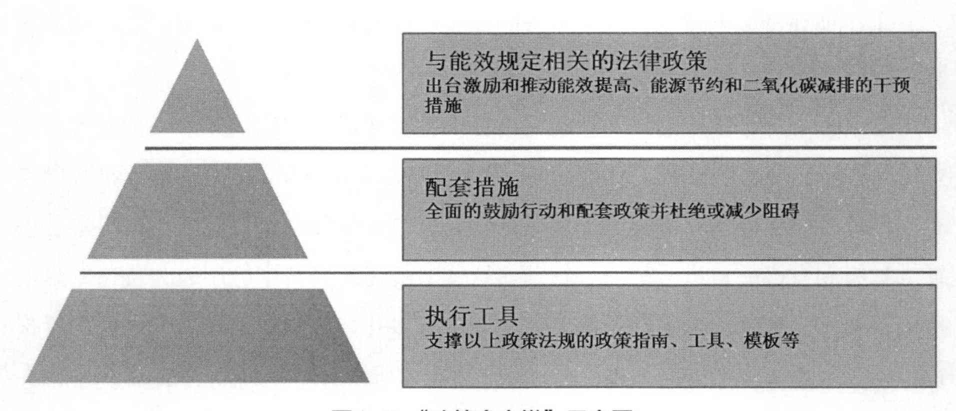

图4–7 “政策金字塔”示意图

（1）与能效规定相关的法律政策

芬兰的能源效率协议代表了该国的主要能效法规政策。该协议涉及行业和政府、欧盟碳排放交易体系（EU-ETS）[①]——生态设计指令和能源效率指令。能源效率协议制度建立于2008年并运行到2016年。它起源于1997—2007年之间的节能

① 欧洲碳排放交易体系（EU-ETS）是世界上最大的碳排放交易市场，在世界碳交易市场中具有示范作用。通过欧盟独立交易登记系统（The Community Independent Transaction Log，CITL）对每一个排放实体配额的发放、转移、取消、作废和库存等进行记录和管理。采用CITL电子信息系统对排放配额进行管理，每一个欧盟成员国都有一个国家配额登记账户，各国政府的碳排放事务管理机构均与CITL电子信息系统连接。每一个纳入EU-ETS的排放实体也均有配额登记账户。

协议。该协议是自愿的，却覆盖约80%的芬兰能源消费总量。已加入该协议方案的公司能设定它们的能源使用改善目标，并实施必要的措施以实现该目标。它们还报告每年的节能措施和其他活动。芬兰政府给相关的参与者提供与能源效率有关的投资补贴。

EU-ETS是重要的减少工业温室气体排放量的有效途径。它为参与国家的温室气体排放量设置了一个上限，主要用于发电和重工业。该计划正在进入第三阶段，它取代了27国的具体上限。这是在2013年20亿t的二氧化碳排放量基础上设置的，今后将以每年1.74%的比例减少。

芬兰的最终政策是欧洲议会通过的能源效率指令。其目的是通过对大型公司的强制性能源审计促进工业节能，增强能源供应商的义务。芬兰政府对欧盟的能源效率指令的响应体现在通过在2013年宣布发展自身的能源效率行动和实施计划来达到欧盟2020年的目标。

（2）配套措施

芬兰的能源审计计划（EAP）自1992年至今持续提供能效补助。EAP是由就业与经济部支持的自愿计划，它提供了40%～50%的工业能源审计成本的补贴，到2007年底覆盖的范围约占工业用电的70%，这代表了155.6MW·h的工业能源需求（包括43.5MW·h的电力）。2011年底，几乎每一个工业能源用户已至少被审核一次。芬兰的国家环境保护行动使得综合污染防治法规（IPPC）上升成为法律。IPPC要求工业公司遵循许可的程序来控制他们的能源使用和排放水平。若想获得许可证，公司必须证明它们已经拥有适用于最佳可行技术的建议，并满足其他相关因素。

（3）执行工具

芬兰的其他政策工具促进工业能源效率的提高和提供能源效率协议的支持、能源审计程序、欧盟ETS和国家环境保护法。这些政策工具是为了帮助公司利用高效的能源管理系统，符合监测欧盟的协议。分发培训材料和软件能够更好地了解能源审计程序，并提供符合最佳可行技术的指导。

4.4.2 中国绿色节能技术主要体系

1. 建筑节能技术层次

我国的建筑节能技术体系包含了多层次的法律法规和执行技术标准，涵盖了从节能目标到工程建设环节再到节能建筑产品多方面的对象（图4–8）。

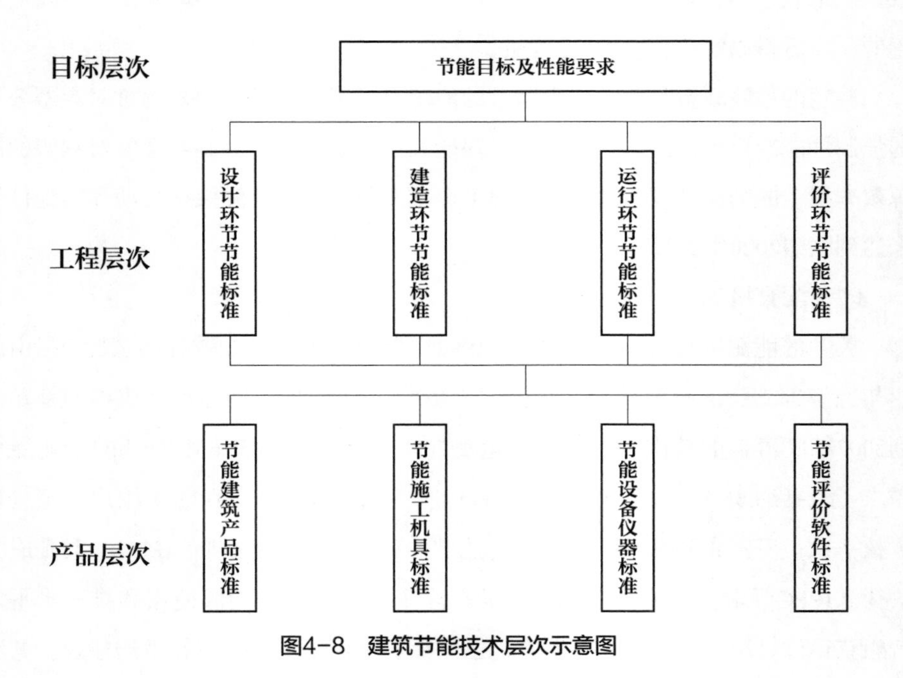

图4–8 建筑节能技术层次示意图

（1）目标层次

目标层次中的标准将提出对各气候区域中各类型建筑的总体节能目标要求，或针对下两层次中的某个、多个或全部环节提出具体目标性要求。此类目标要求也可能依附于有关的技术法规或行政法规，在某种程度上类似于性能标准。今后的研究工作将确立目标层次标准体系的分类原则（按气候区域或建筑类型，新建建筑或既有建筑）。

（2）**工程层次**

工程层次中的标准将利用一个或多个专业的技术，以达到目标层次标准提出的要求为最终目的。此层次中的每个环节均会涉及与节能有关的多个专业，工程层次中的每个环节都要有自己的分框架图。一个专业单独或由若干专业组合构成该环节的某一项标准的技术内容。此层次中的标准与原各专业标准体系中的标准有着密切的联系，在一定情况下甚至是同一的。建筑节能标准体系与各专业标准体系主要以此层次为连接点。

（3）**产品层次**

产品层次中的标准是对上层次标准中为达到目标要求而采取的技术措施所可能涉及的材料、设备、制品、构配件、机具、仪器等作出的规定。此层次标准隶属于产品标准范畴，其制定目的不一定仅以节能为目标，但纳入此层次的产品标准均直接或间接地与建筑节能相关，服务于上层标准。

此三层次间，目标层次提出符合国家政策法规要求的节能目标；工程层次提出实现这些目标的技术及管理途径；产品层次则提供依靠这些途径实现目标时必需的手段或工具。三层次间有着比专业标准体系各层次间更直接、更密切的因果关系。

2．建筑节能的技术保障体系

除了上面所说的节能技术标准以外，我国的节能技术体系还包含各个专业工种的技术保障体系。从目前专业技术工种的划分来看，建筑节能的技术保障体系大致可以分为五个方面：建筑规划与设计节能、建筑围护结构节能、能耗设备与系统的节能、控制系统带来的节能以及综合节能。

（1）**建筑规划与设计节能**

合理的建筑规划和设计，可以结合当地的四季气候特点，为建筑创造一个良好的风环境、水环境、光环境、热环境、洁净环境等。比如，朝向的选择、植被体系的选择与设计、水体与山体的合理利用等，为建筑物合理应用自然环境、降低建筑能耗、提高室内人工环境的舒适度和健康水平奠定了基础。

（2）建筑围护结构节能

建筑围护结构的节能措施集中体现在对通过建筑围护结构的热流的控制上。

在建筑实体墙部分，通过建筑的内、外保温技术，在冬季供暖季节，降低通过围护结构的向外的热损失；在夏季空调季节，降低通过围护结构的向外的冷损失；在非供暖、空调的过渡季节，充分利用自然通风作用，调节室内环境。

在建筑物透明结构部分，主要控制太阳能的热流方向。通过遮阳技术和镀膜技术，选择合适的窗户结构。在冬季供暖季节，阻止室内热辐射通过透明结构的损失，增加太阳能对室内的渗透；在夏季空调季节，热流的控制过程恰好与冬季相反；过渡季节则根据实际情况，在上述两个过程中作出选择。

（3）能耗设备与系统的节能

建筑内的能耗设备与系统主要包括建筑的空调系统、照明系统、热水供应系统、电梯设备等。其中，空调系统和照明系统在大多数的民用建筑能耗中占主导地位，空调系统的能耗更接近建筑能耗的40%~60%，成为主要的控制对象。

建筑设备与系统的节能措施目前主要集中在三个方面：

①建筑能源的梯级应用。根据建筑不同用能设备和系统等级的划分，优先满足用能品位高的设备和系统，利用这些设备和系统的排出能量满足用能品位低的下游设备和系统。

②能源回收技术。通过能源回收设备，将排出建筑物的一些能量进行回收再利用，是降低建筑能耗的一个重要措施。

③采用高能效的设备。通过国家政策和标准、规范的制定、执行，淘汰能效差的设备，鼓励社会选择使用能效高的设备，是降低建筑能耗的重要保证。

（4）控制系统带来的节能

由于建筑内部设备与系统的设计往往是在满负荷的条件下进行的，而这些设备和系统往往运行在非满负荷条件下，这就要求这些设备和系统配备有优良的控制和调节系统，并要求物业管理人员具有敬业精神和专业技能，可以根据不同负荷特点对有关设备和系统进行自动或人工调节，避免"大马拉小车"的现象。控制调节技术对于既有建筑的节能具有特殊的意义。

（5）综合节能

由于建筑及其设备系统是一个有机的整体，在建筑节能方面，往往需要多工种的协调工作，从而产生一些综合的节能措施。例如，可再生能源利用的建筑一体化技术、多能耗系统之间的联动技术等，往往不是单一工种能够完成的。综合节能技术体现了未来节能工作的主流方向。

4.5 中芬技术标准比较

4.5.1 芬兰建筑节能技术标准

表4–6所示为欧洲被动式超低能耗建筑认证标准。

欧洲被动式超低能耗建筑认证标准　　表4–6

认证内容	认证标准		备注
供暖	独立空间热需求	≤15kW·h/（m^2·a）	—
	热负荷	10W/ m^2	—
独立空间冷需求	≤15kW·h/（m^2·a）		—
一次能源需求	≤120kW·h/（m^2·a）		一次能源包括供暖、制冷、热风、辅助电能、照明和其他用能
换气次数	N_{50}≤0.6/h		风机一门一测量，在内外压力差50Pa下，每小时空气渗透量不超过建筑体积的0.6
热桥损失系数	Ψ<0.01W/（m^2·K）		—
超温频率	≤10%		室温超过25℃

实现被动式超低能耗建筑的主要设计理念和技术应用的基本原则包括：

①建筑物形体紧凑，体系系数小，单栋建筑的体形系数宜为0.8，多层住宅楼（不高于4层）宜为0.4，高层建筑尽量不超过0.2。

②非透明外围护结构保温性能卓越，传热系数≤0.15W/（m^2·K）。

③采取气密性措施，空气渗透率达到N_{50}≤0.6/h。

④通过有针对性地朝阳布置建筑物和窗户朝向（考虑遮阳），被动式利用太阳能光照替代人工照明并在冬季利用太阳能。

⑤采用机械通风保持室内的湿度和空气卫生。在保温和建筑气密性十分优越的情况下，当建筑供暖负荷峰值不超过10W/m^{2}时，带有热回收的机械通风系统就可以满足室内剩余的供暖需求，热回收设备的效率达到80%以上。

⑥利用可再生能源提供辅助供暖和制冷，如太阳能、浅层地热等。

欧洲被动房窗户采用三层Low-E玻璃①，玻璃间充惰性气体（氩气或氪气），玻璃K_g值为0.7W/（m^2·K），窗框通常为高效的发泡芯材保温多腔框架，其K_f值达到0.7W/（m^2·K），窗户的K值达到0.8W/（m^2·K）。各种保温隔热玻璃的传热系数K值见表4–7，各国住宅建筑围护结构传热系数K值标准对比见表4–8。

各种保温隔热玻璃的传热系数K值 表4–7

玻璃类型	K值[W/（m^2·K）]
单玻	约6
双玻中空玻璃	3
双玻，Low-E	1.4
双玻，low-E，填充氩气	1.1
双玻，Low-E，填充氪气	0.9
三玻，两层 Low-E，两层氪气	0.7

① Low-E玻璃又称低辐射玻璃，是在玻璃表面镀上多层金属或其他化合物组成的膜系产品。其镀膜层具有对可见光高透过及对中远红外线高反射的特性，使其与普通玻璃及传统的建筑用镀膜玻璃相比，具有优异的隔热效果和良好的透光性。

各国住宅建筑围护结构传热系数K值标准对比[单位：W/（m^2·K）] 表4-8

部位	瑞典南部	德国柏林	美国与北京气候相近地区	加拿大	日本北海道	俄罗斯与北京气候相近地区	北京地区（1.00 < 外表系数≤ 1.50）
外墙	0.17	0.5	0.32 ~ 0.45	0.36	4.2	0.77 ~ 0.44	0.23
外窗	2.5	1.5	2.04	2.86	2.33	2.75	1.10
屋面	0.12	0.22	0.19	0.23 ~ 0.4	0.23	0.57 ~ 0.33	0.15

此外，芬兰政府通过规定非节能建筑不能评定等级、不能颁发预售证书、不能上市交易等政策措施来保证、推进节能建筑的流通和应用。非节能建筑要改造后达到节能标准，才能销售。另外，建筑能效指令规定欧盟各成员国应采取必要的措施以确保新建建筑满足最低能效标准。对于使用面积超过1000m^2的新建建筑，施工前应进行技术、环境和经济三方面的可行性分析；对于使用面积超过1000m^2的既有建筑进行重大改造前，必须更新能效标准，满足最低能效的要求，并从技术、功能和经济方面进行可行性分析。

除了国家颁布的多项法律法规，如Finnish National Building Code（芬兰国家建筑标准）外，芬兰的节能标准还遵循欧盟和其他多国合作制定的节能标准，如European Commission Code of Conduct（欧盟委员会实施准则）、Nordic Ecolabel（北欧天鹅环保标志）、UKAS（英国皇家认可委员会）和Soil Association（土地联盟认证）。

在推进建筑节能工作的开展方面，发达国家有许多成熟的做法，如推行需求侧能源管理[①]、国家房屋能源等级制和建筑用能审计等，这些措施的顺利实施是建立在科学的建筑能耗评估基础上。

① 是指政府或者公用事业单位通过采取激励措施，引导能源用户改变用能方式，提高终端能源利用效率，实现能源服务成本最小化的用能管理活动。

4.5.2 中国建筑节能技术标准

1．发展概述

建筑业是社会三大能源消耗行业之一。在我国，建筑能耗约为社会总商品能耗的23%，占全国总能耗的近30%。同时，我国单位建筑能耗是同等气候条件发达国家的2～3倍，建筑节能任务十分艰巨。

以1986年我国第一部建筑节能设计标准《民用建筑节能设计标准（采暖居住建筑部分）》JGJ 26—1986和当年初的《节约能源管理暂行条例》颁布施行为标志，我国正式开始了建筑节能的历程。其后我国陆续颁布了一系列关于节能和建筑节能的法律和规章。

我国已颁布的建筑节能设计标准，按照时间排序，有《民用建筑节能设计标准（采暖居住建筑部分）》JGJ 26—1986、《民用建筑节能设计标准（采暖居住建筑部分）》JGJ 26—1995、《夏热冬冷地区居住建筑节能设计标准》JGJ 134—2001、《夏热冬暖地区居住建筑节能设计标准》JGJ 75—2003、《公共建筑节能设计标准》GB 50189—2005、《严寒和寒冷地区居住建筑节能设计标准》JGJ 26—2010、《夏热冬冷地区居住建筑节能设计标准》JGJ 134—2010、《夏热冬暖地区居住建筑节能设计标准》JGJ 75—2012、《农村居住建筑节能设计标准》GB/T 50824—2013。各地也结合本地区实际，对国家标准进行了细化，部分地区制定了要求更严格的建筑节能地方标准[①]。我国建筑节能标准已经基本涵盖建筑设计、施工、验收、运行、检测、节能改造等各环节，建筑节能标准已成为我国建筑节能的基础性工作之一。

---

① 如广西壮族自治区质量技术监督局发布的《广西壮族自治区居住建筑节能设计标准》DB45/221—2017，青海省质量技术监督局发布的《青海省低层居住建筑节能设计标准》DB63/T 877—2010，辽宁省质量技术监督局发布的《居住建筑节能设计标准》DB21/T 2885—2017，北京市市场监督管理局发布的《居住建筑节能设计标准》DB11/ 891—2020，黑龙江省质量技术监督局发布的《黑龙江省农村居住建筑节能设计标准》DB23/T 1537—2013，湖北省质量技术监督局发布的《低能耗居住建筑节能设计标准》DB42/T 559—2013，宁夏回族自治区质量技术监督局发布的《居住建筑节能设计标准》DB64/521—2013，吉林省质量技术监督局发布的《农村居住建筑节能设计标准》DB22/T 2038—2014。

2．标准体系简介

我国的建筑节能设计标准是伴随着国家能源政策和经济发展的步伐而前进的。我国采取了先北方后南方、先居住建筑后公共建筑分门别类的模式制定建筑节能设计标准的思路。地方标准均是基于国家标准和行业标准（部颁标准）的地方实施细则。因此，从建筑节能设计标准中的国家标准和行业标准的发展历史中，能了解中国建筑节能设计标准发展的总体状况。图4-9所示为我国建筑分类及现行主要节能设计标准示意。

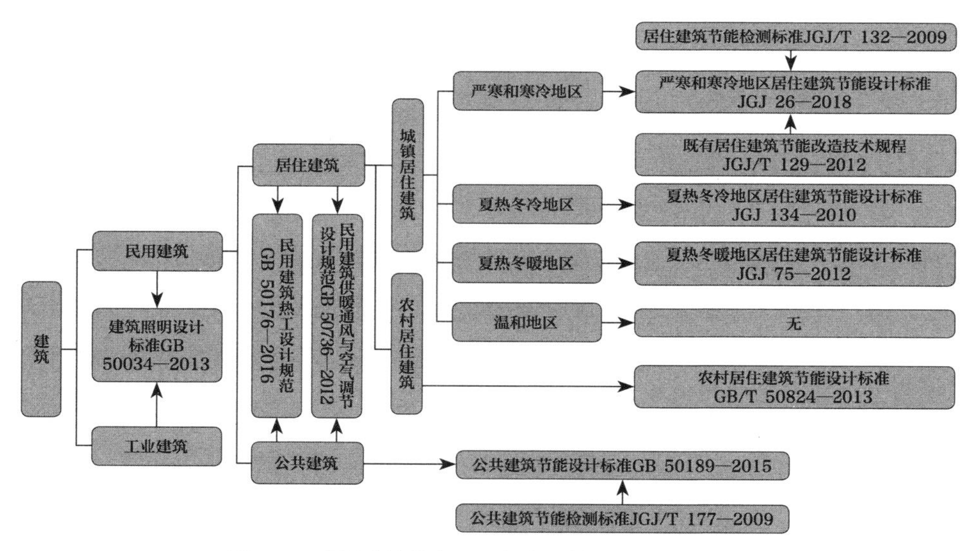

图4-9　我国建筑分类及现行主要节能设计标准框图

截至2020年，与建筑工程相关的建筑节能系列标准（现行）共有36项。其中，基础标准4项，通用标准9项，专用标准（工程标准）15项，专用标准（产品标准）7项，详见表4-9。我国建筑节能标准体系覆盖建筑设计、施工、改造、后评价各环节，专业领域基本完善，能够满足工程建设的要求。我国现行建筑节能标准作为工程建设标准的组成部分，大多分散在各专业标准体系中，多数节能条款嵌入专业技术标准中，这样往往造成节能条款不能形成有机的整体，不利于系统规范建筑节能工作，也不利于节能标准的执行。因此，如果能统筹建筑节能各专业技术条款并在加强标准协调性方面有所突破，将对提高建筑节能标准编制水平产生重要的意义。

建筑节能系列标准清单（现行） 表4–9

标准类别	序号	标准号	标准名称	发布部门
基础标准	1	GB 50178—1993	建筑气候区划标准	国家技术监督局，建设部
	2	JGJ 35—1987	建筑气象参数标准	城乡建设环境保护部
	3	JG/T 358—2012	建筑能耗数据分类及表示方法	住房和城乡建设部
	4	JGJ/T 346—2014	建筑节能气象参数标准	住房和城乡建设部
通用标准	1	GB 50411—2019	建筑节能工程施工质量验收标准	住房和城乡建设部
	2	JGJ 26—2018	严寒和寒冷地区居住建筑节能设计标准	住房和城乡建设部
	3	JGJ 75—2012	夏热冬暖地区居住建筑节能设计标准	住房和城乡建设部
	4	JGJ 134—2010	夏热冬冷地区居住建筑节能设计标准	住房和城乡建设部
	5	GB 50189—2015	公共建筑节能设计标准	住房和城乡建设部
	6	GB/T 51350—2019	近零能耗建筑技术标准	住房和城乡建设部
	7	GB/T 51366—2019	建筑碳排放计算标准	住房和城乡建设部
	8	JGJ 475—2019	温和地区居住建筑节能设计标准	住房和城乡建设部
	9	GB 51245—2017	工业建筑节能设计统一标准	住房和城乡建设部
专用标准（工程标准）	1	GB/T 50668—2011	节能建筑评价标准	住房和城乡建设部，国家质量监督检验检疫总局
	2	GB/T 50824—2013	农村居住建筑节能设计标准	住房和城乡建设部
	3	JGJ/T 132—2009	居住建筑节能检测标准	住房和城乡建设部
	4	JGJ/T 129—2012	既有居住建筑节能改造技术规程	住房和城乡建设部
	5	JGJ/T 154—2007	民用建筑能耗数据采集标准	建设部
	6	JGJ 176—2009	公共建筑节能改造技术规范	住房和城乡建设部

续表

标准类别	序号	标准号	标准名称	发布部门
专用标准（产品标准）	7	JGJ/T 177—2009	公共建筑节能检测标准	住房和城乡建设部
	8	JGJ/T 288—2012	建筑能效标识技术标准	住房和城乡建设部
	9	CJJ/T 185—2012	城镇供热系统节能技术规范	住房和城乡建设部
	10	JGJ/T 285—2014	公共建筑能耗远程监测系统技术规程	住房和城乡建设部
	11	JGJ/T 307—2013	城市照明节能评价标准	住房和城乡建设部
	12	GB 50411—2019	建筑节能工程施工质量验收标准	住房和城乡建设部
	13	JGJ/T 449—2018	民用建筑绿色性能计算标准	住房和城乡建设部
	14	JGJ/T 391—2016	绿色建筑运行维护技术规范	住房和城乡建设部
	15	JGJ/T 425—2017	既有社区绿色化改造技术标准	住房和城乡建设部
	1	GB 19576—2019	单元式空气调节机能效限定值及能效等级	国家市场监督管理总局，国家标准化管理委员会
	2	GB 19577—2015	冷水机组能效限定值及能效等级	国家质量监督检验检疫总局，国家标准化管理委员会
	3	GB 21454—2008	多联式空调（热泵）机组能效限定值及能源效率等级	国家质量监督检验检疫总局，国家标准化管理委员会
	4	GB 21455—2013	转速可控型房间空气调节器能效限定值及能效等级	国家质量监督检验检疫总局，国家标准化管理委员会
	5	GB/T 31345—2014	节能量测量和验证技术要求居住建筑供暖系统	国家质量监督检验检疫总局，国家标准化管理委员会
	6	JG/T 448—2014	既有采暖居住建筑节能改造能效测评方法	住房和城乡建设部
	7	JG/T 460—2014	排烟天窗节能型材技术条件	住房和城乡建设部

3．主要标准介绍

（1）JGJ 26

JGJ 26标准专司北方供暖地区的居住建筑节能，发展至今，共有4个版本，JGJ 26—1986、JGJ 26—1995、JGJ 26—2010和JGJ 26—2018，节能率目标从30%、50%、65%到75%，分别代表4个阶段的节能目标。

JGJ 26—1986由总则、供暖期度日数及室内计算温度、建筑物耗热量指标及供暖能耗的估算、建筑热工设计、供暖设计、经济评价6章和8个附录组成，节能率目标为30%。

JGJ 26—1995是对JGJ 26—1986的一次重大更新。该标准从试行标准升级为强制标准，名称未变。这是预定的第二步节能目标，节能率提高到50%。

JGJ 26—2010在总结了严寒和寒冷地区实施JGJ 26—1995的经验和遇到的问题的基础上，对其作了重大的修订，修订后的标准适用于严寒和寒冷地区新建、改建和扩建居住建筑的建筑节能设计。新修订后的标准在原有基础上，大幅提高了对我国北方地区居住建筑围护结构的热工性能的要求，对供暖系统地提出了更严格的技术措施，将供暖居住建筑的节能目标提高到65%。该标准根据供暖期度日数指标，将我国的严寒和寒冷气候区进一步细分为5个气候子区，按照这5个气候子区分别确定居住建筑的围护结构热工性能要求，针对性更强。技术内容涵盖建筑及围护结构热工性能，供暖系统的热源、输配系统、末端及监测控制系统，比较全面。

JGJ 26—2018中的节能整体目标由原标准（JGJ 26—2010）的65%，提高到75%，节能要求大幅提高。同时增加了“给水排水”“电气”章节，及“采光”设计要求，覆盖更全面，设计要求更高。此外，还新增了清洁供暖方式，通过高效用能系统实现低排放、低能耗的取暖方式，包含以降低污染物排放和能源消耗为目标的取暖全过程。

（2）GB 50189

《公共建筑节能设计标准》GB 50189—2005的前身是1993年9月27日国家技术监督局与建设部联合发布的《旅游旅馆建筑热工与空气调节节能设计标准》GB 50189—1993，1994年7月1日起施行，2005年7月1日废止。这是我国第一部关于公共建筑的节能设计国家标准，适用于新建、改建和扩建的公共建筑节能设计，对建筑节能起到了重要的引导作用，具有强制性。至此，覆盖我国绝大部分城镇的建筑节能设计标准体系初步建立。

《公共建筑节能设计标准》GB 50189—2015是对GB 50189—2005的全面修订。本次修订全面提升了公共建筑设计节能水平，同时开展了大量基础性研究工作，提高了标准的科学性及先进性；增加了对养分设计细节的标准化规定，提高了标准的可操作性。新版标准的十大看点见表4-10。

《公共建筑节能设计标准》GB 50189—2015十大看点 表4-10

序号	看点	解析
1	实现建筑节能专业领域的全覆盖	专业领域涵盖建筑与建筑热工、供暖通风与空气调节、给水排水、电气、可再生能源应用
2	建立了典型公共建筑模型及数据库	建立了涵盖8种主要公共建筑类型及系统形式的典型公共建筑模型及数据库，为节能指标的分析计算提供了基础
3	以动态基准评价法为衡量标准的节能量提升	以2005年版的节能水平为基准，结合不同气候区、不同类型建筑的分布情况，明确了本次修订后我国公共建筑整体节能量的提升水平
4	采用SIR优选法[1]确定了本次修订的节能目标	首次采用SIR优选法对节能目标进行了计算和分解，提高了指标的科学性
5	全面提升围护结构热工性能强制性指标要求	与2005年版标准相比，由于围护结构性能提升，供暖、通风及空调能耗将降低4%～6%。对温和地区，增加了围护结构的限值要求。此外，本次修订补充了窗墙面积比大于0.7情况下的围护结构热工性能限值，减少了因窗墙比超限而进行围护结构热工性能权衡判断的情况
6	全面提升冷源设备及系统的能效强制性要求且分气候区进行规定	与2005年版标准相比，由于供暖、通风空调和照明等用能设备能效的提升，可带来14%～19%的节能量。新规范首次分气候区规定了冷源设备及系统的能效限值，增强了标准的地区适应性，提高了节能设计的可操作性
7	改进冷水机组的负荷性能系数（IPLV）计算公式	为更好反映我国冷水机组的实际使用条件，在大量调查和数据分析基础上，新规范对冷水机组IPLV公式进行了更新
8	增加建筑分类规定，建筑节能抓大放小	将建筑分为甲、乙两类，简化乙类建筑的设计程序，提高可操作性
9	完善了围护结构热工性能权衡判断的相关规定	明确以全年供暖和空气调节能耗之和作为判断标准并给出简化计算方法；完善了权衡计算所需基础参数，统一了输入输出参数格式，明确了权衡计算软件的功能要求。增设了权衡判断的“门槛”，即规定了各项参数必须达到的最低要求，保证了使用权衡判断的建筑，其热工设计也不会存在太大的“短板”
10	采用太阳得热系数（SHGC）替代遮阳系数（SC）	与国际接轨，引入太阳得热系数（SHGC）作为透光围护结构的性能参数，并给出了SHGC的限值，替代遮阳系数（SC）[2]

[1] 收益投资比（Saving to Investment Ratio）组合优化筛选法，简称SIR优选法，是基于单项节能措施的优劣排序，构建最优建筑节能方案的系统性分析方法。

[2] “太阳得热系数”和“遮阳系数”两个物理量存在线性换算关系，在使用标准时应予以注意。

（3）JGJ 134

《夏热冬冷地区居住建筑节能设计标准》JGJ 134是我国第二部建筑节能设计标准。该标准单独设立了一个标准号，说明了我国的建筑节能设计标准实际上走以气候区分设标准的道路。JGJ 134—2001是第一版，于2001年7月5日发布，2001年10月1日起施行。JGJ 134—2010是第二版，2010年3月18日发布，并于2010年8月1日起施行。

JGJ 134—2001分总则、术语、室内热环境和建筑节能设计指标、建筑和建筑热工节能设计、建筑物的节能综合指标、供暖空调和通风节能设计6章，以及附录和条文说明。

JGJ 134—2010的章节结构基本未变。该标准重新确定住宅的围护结构热工性能要求和控制供暖空调能耗指标的技术措施，根据国情需要和国内技术水平发展现状，进一步确保地区居住建筑节能50%战略目标的落实。建立了新的建筑围护结构热工性能综合判断的方法，新标准可操作性强。

（4）工程标准

在建筑物施工和安装过程中，合理安排施工工序和施工进度，合理选择配置机械设备，避免大功率施工设备低负荷或小功率施工设备超负荷。在保证施工质量和安全的前提下，最大限度地提高施工效率，减少和避免返工造成的能源浪费都可以有效降低与建筑有关的能耗。相关标准主要有：《公共建筑节能检测标准》JGJ/T 177—2009、《居住建筑节能检测标准》JGJ/T 132—2009和《建筑节能工程施工质量验收标准》GB 50411—2019。

第5章

北欧绿色建筑技术研究

北欧绿色建筑技术主要包括：场地规划与建筑设计、节能与能源利用绿色技术、节水与节材技术、室内环境质量技术及智能管理五个方面。

5.1 场地规划与建筑设计

5.1.1 场地规划

芬兰被誉为“千湖之国”，内陆中不计其数的湖面形成了广阔的水路，没有一望无际的海岸沙滩或巨大的地形高差，却拥有河、湖和群岛。此外，四季的变更——温暖明亮的夏季和寒冷多雪的冬季——使得景观更加多变，对自然空间的应用有着显著影响。芬兰本土建筑师一直秉承“成为好建筑要尊重地段及其历史，无论它是在自然环境里还是在城市之中”。

1. 地域气候条件与规划布局

芬兰是以冬季严寒、寒冷为主要气候特征的地区，建筑宜布置在向阳、避风的地域。由于冬季冷空气会在地势低凹的位置聚集，因此建筑不宜布置在山谷、低洼、沟底等低凹地势地段，以避免增加建筑的供暖能耗。

（1）日照间距与建筑朝向

建筑的朝向选择涉及当地的气候条件、地理环境、建筑用地情况，必须全面考虑。要在节约用地的前提下，满足冬季争取较多的日照，夏季避免过多的日照并有利于通风。从长期经验看，南向在芬兰全国各地区都是较为适宜的建筑朝向。但在建筑设计时，建筑朝向受各方面条件的制约，不可能都采用南向。这就应结合各种设计条件，因地制宜确定合理的建筑朝向，以满足生产和生活的需要。

良好的日照条件（尤其是冬季严寒和寒冷地区）有利于节约建筑能耗，而且也有助于用户的身心健康和提高居住生活质量。因此，建筑布局应尽可能争取适宜的朝向。

1）**不同朝向的太阳辐射的变化**

对于建筑物而言，墙面上的日照时间决定太阳辐射热量的多少，对于寒冷地区的住宅应考虑合理的朝向以积极争取冬季日照，减少夏季日晒。我国处于北半球，绝大部分地区冬季太阳高度角低，方位角变化较小，夏季太阳高度角高，方位角变化较大（图5–1）。因此，冬季各朝向获得的日照时间变化幅度大，日照面积大，南向的太阳辐射强度较高；而夏季各朝向都能获得一定的日照时间，日照面积较小，南向及东、西向太阳辐射强度高。下文以我国为例，说明不同朝向的太阳辐射的变化。图5–1为我国部分城市冬季和夏季太阳辐射情况。

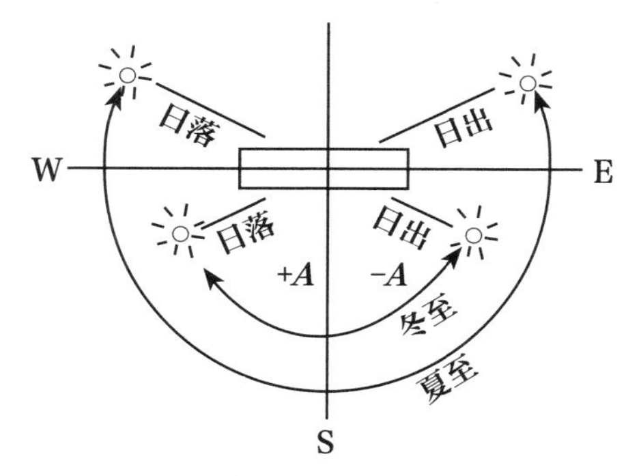

图5–1　冬季、夏季太阳方位角

2）**主要朝向适应性分析**

①建筑物南、北朝向，是建筑物纵轴与当地子午线垂直布置。冬季南向房间阳光射入室内较深，接受太阳辐射和紫外线都较多，可提高室温，改善室内环境；夏季阳光入室不深，室内接受太阳辐射较少，低纬度地区夏季阳光还可能照不到室内。这个朝向易于做到冬暖夏凉。但是大多数建筑物都不可避免在另一侧有北向房间，对于北回归线（北纬23°27′）以北地区，北向房间除在夏至日前后的早晚能获得少量阳光外，一年大多数时期见不到阳光。所以北方寒冷地区，北向是最不利的朝向。

②建筑物东、西朝向，即建筑物纵轴与当地的子午线一致。这种朝向东、西两侧面接受日照情况相同，冬季室内阳光不多，冬至日正午前后没有阳光。如果走廊设在中间，则东、西向房间在屋前屋后会得到相同的日照时间，在对房间的使用要求相同时，可采用这种布置方式。西向建筑物，夏季西晒会造成西向建筑

物温度过高，不宜采用此朝向。当北方地区夏季西晒不严重时，可考虑此朝向。

③建筑物东南、西北朝向，即建筑物纵轴与当地子午线偏东呈45°角。这种朝向没有北向及西向房间，消除了北向阴湿及西晒的影响，一年均能保持较好的日照条件，只是布置在西北向的房间仅在午后能获得少量阳光。

④建筑物西南、东北朝向，即建筑物纵轴与当地子午线偏西呈45°角。这种朝向优点与东南向相同，缺点是西南向接受太阳辐射较其他朝向多，对于南方炎热地区不利。但在北方各地区，夏季西晒不严重，如果冬季居室不迎主导风向，还是较好的朝向。

（2）日照间距与建筑布局

日照对于建筑，尤其是居住类建筑的布局（建筑日照间距控制、建筑朝向选择等）具有重要的影响作用。由于芬兰冬季昼短夜长，需要获得较多的日照，因此让自然光进入建筑是芬兰现代建筑中一个普遍的理念。

居住建筑群体布局时在充分考虑当地气候的基础上，结合场地条件合理安排布局形式以利于建筑争取日照、冬季避风和夏季自然通风，从而减少建筑的能源消耗和对生态环境的负面影响。此外，应考虑室外环境的人性化设计，以实现人、建筑、生态三者的和谐统一。

低密度居住模式一直是芬兰人追求的目标，这与芬兰人口极为稀少的现实有关。在这方面，芬兰在城市规划中的建筑文化方面，同一些国际大都市或人口稠密区域差别很大。在居住区的住宅建筑布局中，芬兰根据前后两栋建筑的朝向及其外形尺寸，以及建筑所在地区的地理纬度，计算出满足规定的日照时间所需的日照间距。

在居住区住宅建筑布局中，满足日照间距与提高建筑密度、节约用地存在矛盾。可以通过调整建筑布局方式，既满足建筑的日照要求，又适当提高建筑密度。

1）平面布局形式

建筑群的布局根据具体平面形式不同分为行列式、周边式、自由式，如图5-2所示。

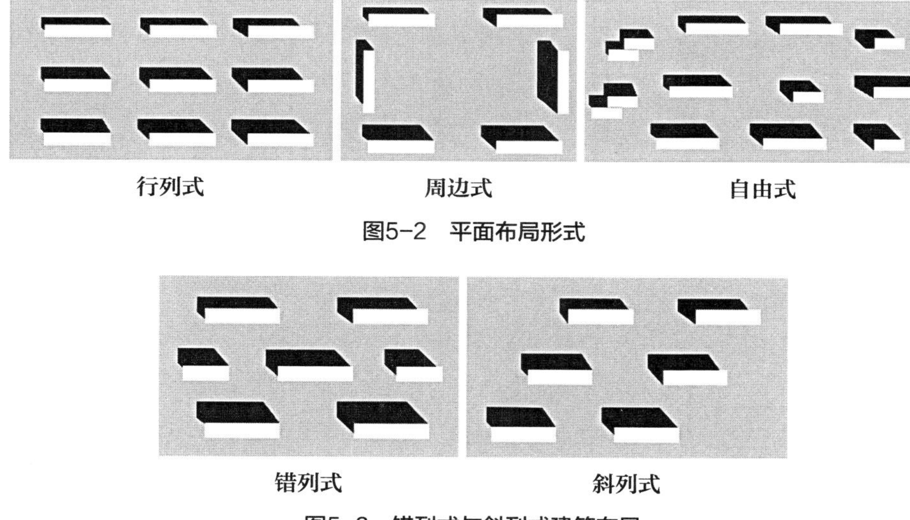

图5-2　平面布局形式

图5-3　错列式与斜列式建筑布局

①行列式，能满足绝大多数建筑室内良好的通风和日照要求，但处理不好会产生单调、呆板的感觉，同时会使建筑间不能形成良好通风与日照，因此在行列式的基本形式基础上，采用山墙错落、单元错开拼接等手法形成错列式与斜列式建筑布局，如图5-3所示。

②周边式，即建筑沿街坊院落周边布置的形式。这种形式形成近乎封闭的空间，具有一定的空地面积，便于组织绿化，院落较完整，在寒冷及多风沙地区可阻挡风沙及减少院内积雪。周边式有利于节约用地，提高居住密度。但这种布局会有一部分房间的朝向较差，不宜用于炎热地区，有的建筑采用转角单元，使结构不利于抗震，增加造价。

③自由式，即建筑结合地形，在考虑日照通风的前提下，成组自由灵活布置。

2）住宅布局利于争取日照

寒冷地区住宅应通过采用居住建筑的合理布局方式并利用地形和绿化等手段来达到争取日照、减少西晒的目的。在山地还可利用南向坡地缩小日照间距。

①点、条建筑组合布局时，点式住宅布置在朝向较好位置，条式布置其

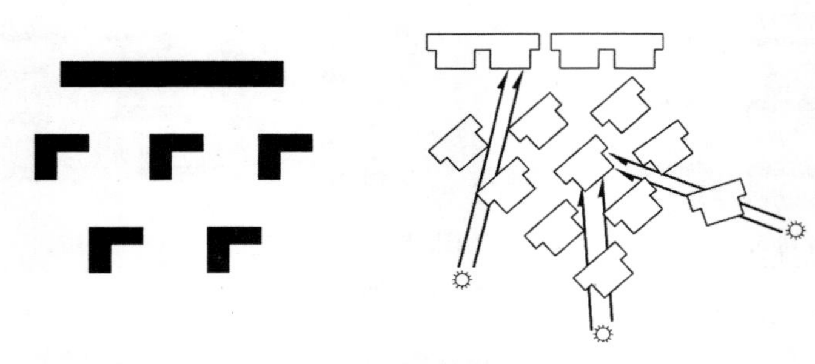

图5-4　点、条式建筑组合示意

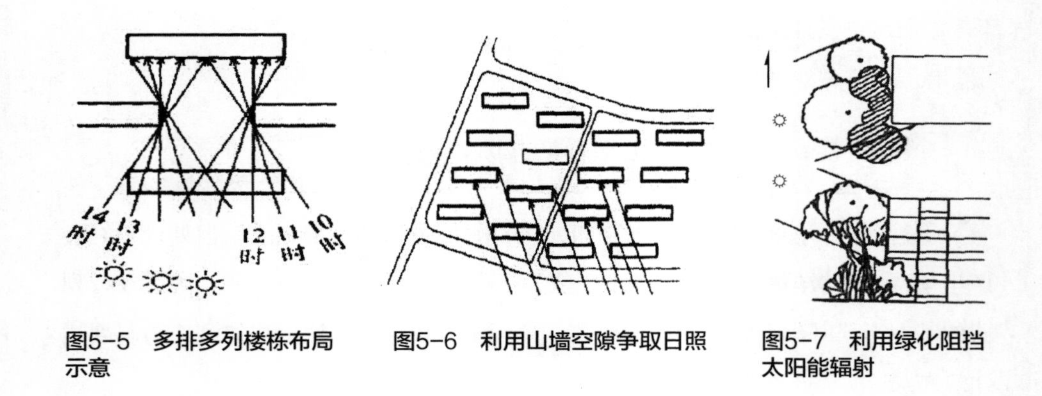

图5-5　多排多列楼栋布局示意

图5-6　利用山墙空隙争取日照

图5-7　利用绿化阻挡太阳能辐射

后，争取日照，如图5-4所示。

②多排多列楼栋布局中，采用错位布置，利用山墙空隙争取日照，如图5-5、图5-6所示。

③利用绿化阻挡太阳直墙面，降低室内温度，减少西晒，如图5-7所示。

2．场地原生态保护

芬兰跟大多数北欧国家一样，拥有丰富的自然资源，芬兰人仍把自然环境视为他们城市的一部分，并对高层建筑持有怀疑态度。对于自然环境的偏爱在20世纪50年代建于赫尔辛基地区的“森林郊区”项目中有所体现。以阿尔瓦·阿尔托（Alvar·Aalto）为代表的20世纪30年代至20世纪60年代的芬兰建筑师，一贯坚持在项目进程中对地段上的树木加以保护。这是让自然成为建筑院落一部分的方式之一。在这个时代，区域成为城市规划的一部分。在郊区规划中，居住区同自然绿色区域的联系尤为重要。历史性木构建筑作为现代发展中被忽视的一项，在20世纪70年代的芬兰城市中被大量摧毁。

芬兰场地原生态保护主要体现在生态保留和生态恢复上。

（1）生态保留

在建筑设计过程中注意保留场地地形、地貌特色，塑造具有个性和特质的地貌环境景观，并由此减少对原生生态系统的干扰和破坏。

在建筑设计中依照被调研场地现状的生态环境和生态系统情况，顺应场地自然地形，避免对场地地形地貌进行大幅度改造，尽可能保护建筑场地中原有的水体、绿地、生物栖息地及其他自然生态资源，减少场地内的建设活动对原生态环境造成的破坏。

（2）生态恢复

在城市快速发展过程中，自然系统在迅速退化，自然系统的生态服务能力在迅速减退。土地原有的对自然过程的调节和净化功能、生产功能、生物栖息地功能以及审美启智功能都受到严重破坏。城市中的废弃地往往成为城市污水、垃圾的聚集地，是卫生的死角，也是疾病的滋生体。通常人们习惯于排除污水、硬化地面，种植观赏花木以改变环境。而新的环境伦理和价值观、生态城市主义理论和新的美学观，为设计师恢复生态环境提供了新的视角。

5.1.2　建筑设计

芬兰是地处北欧的狭长国度，地势北高南低，约1/3国土位于北极圈内。芬兰属温带海洋性气候，冬季寒冷，平均气温为-14～3℃，夏天较凉爽，平均气温为13～17℃，年平均降水量为600mm。因为气候冷，芬兰的建筑项目必须考虑室内供暖问题。芬兰拥有大面积的森林景观，使得人们选择木材作为传统的建筑材料。许多古老的芬兰城市曾完全以木材建成，只有最重要的公共建筑，如教堂和市政厅等，才用砖石建造。传统的乡村住宅用矩形木材建成，房屋中央是燃烧木材的火炉、壁炉和烟囱。随着时间的推移，石构建筑逐渐成为主要的城市住宅建筑类型。在20世纪60年代，随着现代技术和工业化施工方法的广泛采用，混凝土成为主流的建筑材料，而芬兰木构建筑的传统则几乎为人所摒弃。至20世纪90年代，生态设计手法开始成为热门议题，自此，对木材材质及其使用功能的偏好又得到恢复。在当今芬兰，木材再次作为建筑材料得到广泛应用。

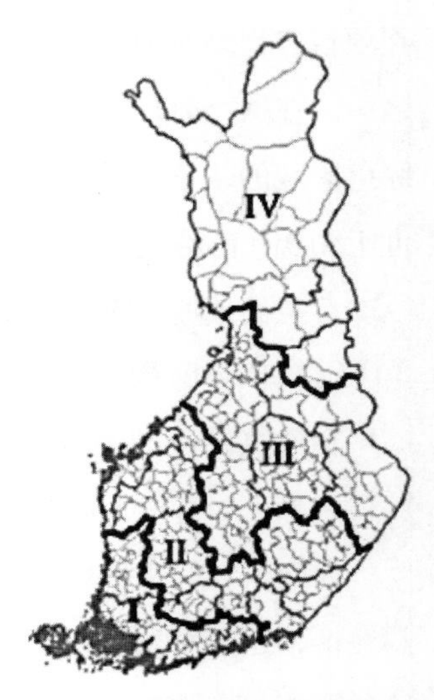

图5-8　芬兰国家建筑规范D-5气候区

芬兰南部的平均气温是5.9℃，北部-0.4℃。季节温度的变化是很大的，如从夏天的大于30℃到冬天的-40℃。在十月到来年三月结束的供暖季节，芬兰室内外温度差有近25℃。图5-8和表5-1显示了芬兰气候区以及不同气候区室外空气温度的供暖设计。

芬兰不同气候区室外空气计算平均温度和年平均温度　　表5-1

气候区域类型	室外空气计算温度（℃）	室外空气年平均温度（℃）
Ⅰ	-26	5.4
Ⅱ	-29	4.7
Ⅲ	-32	3.3
Ⅳ	-38	-0.3

芬兰季节气候的变化很大，并且白天的时间长短和室外气温取决于季节。由于建筑的热损失和获得的太阳能依赖于气候，所以在规划设计新的低能耗建筑时，必须要考虑芬兰的特殊气候环境。由于室外空气温度较低，热损失必须最小化，并且对太阳辐射的使用必须要优化。

芬兰大部分太阳辐射发生在夏季。在夏季，太阳照射芬兰的路径短，为放置在朝南的垂直立面的太阳能电池板和太阳能集热器提供长时间的辐射和合适的入射角度。事实上，在非供暖季节，芬兰建筑朝南的垂直立面获得的太阳辐射热量大于中欧的太阳辐射热量。具有南向大窗户的建筑必须在春季和秋季使用遮阳措施，以防止过多地获得热量。

在芬兰，规划设计低能耗建筑的过程中必须考虑寒冷冬季气候在某些情况下引发的冷冻热回收装置和冻土问题。热回收装置被冷冻时，当热回收效率增加，排出的空气被冷却，以至于水分凝结最终导致整个装置冻结。因为地面被冻结后，地源换热器工作不正常，因此冻结地面可以限制地源换热器的使用。此外，改变冻土的密度或者冻土的融化可能对建筑物产生危害。低能耗建筑进行了很好的保温隔热设计，所以它们只有很少的热量散失到地面中，因而不会对房屋周围地面的温度有很大的影响。

我国幅员辽阔，横跨6个气候带，不同区域的建筑节能技术不同，应根据地域化的特点，对不同区域、不同气候带进行研究分析，因地制宜地实现绿色节能技术在适宜区域的居住建筑中推广和应用。

1．建筑热工分区

我国制定的《民用建筑热工设计规范》GB 50176—2016将全国划分为5个区：严寒地区、寒冷地区、夏热冬冷地区、夏热冬暖地区、温和地区。其中，我国建筑热工设计分区中寒冷地区指累年最冷月平均温度高于-10℃低于或等于0℃的地区，主要包括华北地区、西北部分地区（新疆南部）、西南部分地区（西藏南部）以及辽宁沿海地区，纬度范围大致在北纬35°～45°之间。根据我国太阳能资源的区域划分，从全国太阳年辐射总量的分布来看，我国寒冷地区大多处于太阳能资源较丰富的二类地区和三类地区，具有利用太阳能的良好条件。欧美、日本等国的太阳能资源只相当于我国的三、四类地区，这些国家却具有先进的太阳能建筑技术。例如，早在20世纪80年代中期，法国就着手研究太阳能供暖和热水的联合供应系统，到了20世纪90年代，奥地利、丹麦、芬兰、德国、瑞典、瑞士、荷兰等国家相继设计出了各种形式的太阳能联合供应系统，这种系统在已安装的全部太阳能热利用系统中已达到很高的比例。根据芬兰地区的最冷月平均温度指标，该国属于寒冷地区。因此，下文主要围绕芬兰地区节能技术在我国寒冷地区的适用性展开研究。

2．寒冷地区居住设计的基本要求

（1）冬季保温设计要求

建筑物应满足冬季防寒、保温、防冻等要求，夏季部分地区应兼顾防热。建筑物宜设在避风、向阳地段，尽量争取主要房间有较多日照。

建筑物的外表面积与其包围的体积的比值尽可能地小，平、立面不宜出现过多的凹凸面。

总体布局上，单体设计和构造处理应满足冬季日照与防寒的要求；建筑物应采取减少外露面积，加强冬季密闭性且兼顾夏季通风和利用太阳能等节能措施；结构上应考虑气温年较差大、冬季风的不利影响，保证各部分结构的传热系数和窗墙面积比等符合规定要求；建筑物宜有防冰雹和防雷措施；施工应考虑冬季寒冷期较长和夏季多暴雨的特点。

（2）夏季防热设计要求

建筑物夏季防热应采取环境绿化、自然通风、建筑遮阳和结构隔热等综合性的措施。

建筑物的总体布置，单体的平、剖面设计和门窗的设置应有利于自然通风，并尽量避免主要使用房间受东、西日晒。

为遮挡直射阳光，防止室内局部过热，窗户宜采用遮阳。同时，在建筑设计中可结合外廊、阳台、挑檐等处理达到遮阳的目的。

屋顶和东、西向外墙的表面温度应通过验算，保证满足隔热设计标准。

3．建筑生态设计原则

建筑生态设计应结合自然生态、经济生态和社会生态三方面内容，达到建筑整体生态设计的目标。自然生态方面要求结合场地，促进建筑与自然环境共生；

经济生态方面，要求结合“3R原则”，提高建筑的物质与能源利用率；社会生态方面，要求结合人文，创造有文化特色的人性化建筑。

（1）结合场地设计

结合自然设计是指设计充分考虑场地因素，结合场地太阳光辐射、降水、水文、风、植物等自然条件，在建筑生命周期内与自然合作，充分利用自然提供的潜力（当然也包括限制条件），使建筑融入自然，与自然环境和谐。这个过程是通过水文、气候、动植物与地形地貌、地质、土壤资源构成等来表达场地的“固有适应性”，设计只有延续这种“固有适应性”，才能保证建筑与环境的和谐共生。建筑形式、布局、室内空间组合应与不同时（季节、时令）空（场地）联系起来，力求建筑采光、通风和空间的自然化。芬兰建筑师阿尔瓦·阿尔托曾说：“建筑永远不能脱离自然和人类要素，相反，它的功能应当使我们更加贴近自然。”

1）地质、地貌因素

地质条件主要指地基承载力、压缩性和湿陷性，基础底面下的内聚力和内摩擦力，有无工程病害，以及地貌、土质、地下水等。用地的经济因素的影响也是不可忽视的，如矿产分布地、果园、高产田等，在建设时，不论其工程地质条件如何，都应列入不宜建设用地。地貌指场地的表面情况，它是由场地表面的构成元素及各元素的形态和所占比例决定的，包括土壤、岩石、植被、水面等方面的情况。土壤的裸露程度，植被的稀疏茂密、种类构成和分布情况，岩石、水面的有无等，对于未来场地的环境建设有重要价值。

2）地理因素

地理环境（如纬度、经度、太阳高度等）决定建于该地的建筑物的基本形态，如建筑日照时间、受气候影响的程度和建设的难易程度等一系列问题都与地理环境有关。但不论是何种地理环境，都会有如何最大限度地利用该区域的地理资源的问题。一般来说，最不损及自然生态体系并能有效利用其基本价值的方式就是最佳的利用方式。在建设时，建筑应合理利用自然资源，并与自然景观融为一体。但在不同的地理环境中，应采用不同的处理方法，如马来西亚建筑设计师杨经文根据当地纬度的太阳运动轨迹来考虑建筑的平面形式；又如在我国黄土高原地区，人们可以利用土地的特殊地质构造建造窑洞建筑，以最大限度地利用土地资源，并与环境融合。

3）地形因素

地形是场地的形态基础，如地势的高低起伏、地势的走向变化。设计师应在此基础上规划设计，否则建筑不能与地形形成较好的契合关系。况且大幅度改变地形会增加土方量，造成人力、物力、财力的浪费，并有可能破坏场地及周围的自然生态和谐关系，导致环境的恶化。所以说，不论是从生态环境角度，还是从经济角度，场地设计应以对自然地形的适应和利用为主，避免对地形进行不必要的改动。

4）气候因素

气候是重要的自然环境要素。设计者应了解地段及所在地区的温度、风、湿度、太阳辐射、降水等气候要素的时空分布规律，"设计结合气候""形式追随气候"，因势利导，通过适当的建筑体形和空间组合、建筑朝向（定位）、建筑材料、表面颜色等来满足人体舒适感。

（2）结合3R设计

结合3R设计是根据减量化、再利用、可循环（Reduce、Reuse、Recycle）的原则，在建筑周期中减少物质能源消耗，提高资源利用率，减少废物排放，减轻对环境的污染。建筑是物流和能流的综合体系，建筑空间组合、墙体材料、结构体形等都会影响耗能水平，设计应采用与建筑功能相应的能源形式、技术方式和材料，减少常规能源的使用，充分利用太阳能、风能等资源。

对于减少能耗，建筑材料的选择是很重要的，应优先考虑本地的建筑材料。此外，科技含量较高的新型建筑材料也是理想的选择，如寒冷地区建筑外墙体采用聚苯板保温材料、保温砂浆等可有效地降低建筑供暖能耗。

对于水资源的节约利用主要是通过水的分质和循环利用实现的。发达国家采用复式供水系统，即按照不同用途供给不同水质用水。对于工业和民用冲厕可用处理后的再生水和地质水。注重雨水的收集利用，如景观水池作蓄水池，通过雨水收集系统将雨水汇入池中，经过处理可用来浇灌花木、洗车及景观用水。此外，建筑内部使用节水洁具设备，如感应性水龙头开关、节水型抽水马桶等。

太阳能、风能等的利用技术和建筑相结合，可以为建筑提供清洁、可靠的能源，大大降低了对常规能源的依赖，而且不会产生环境污染。例如，德国建筑师在杜塞尔多夫设计的将太阳能与智能控制技术相结合的方式，使得整栋建筑24小时向着阳光方向旋转。这样的建筑将改变许多传统的建筑思维，诸如建筑不再是固定不动的，建筑物没有南、北立面之分。

综上所述，结合“3R”设计，所采用的技术方式主要有三种：一是建筑从所在地域出发，采用地方传统技术即低技术，事实证明，这些技术在解决本地气候及其他特殊问题等方面具有优越性；二是与之相反，借助高新技术提高建筑对资源的利用率；三是两种技术并重。设计应因地制宜，将两种技术结合，选择适宜技术，与本土技艺和自然环境相融合。

（3）结合人文设计

建筑的最终目的是满足人们的需要，因此建筑设计应体现以人为本思想。它要求建筑设计符合当地人的生活方式、审美观点、文化背景、传统风貌，使建筑及其环境空间尺度宜人，符合人体工程学，满足使用者的要求；建筑应具有良好的物理环境，舒适、健康、符合人的行为心理；建筑在充分满足使用功能的前提下，应对空间进行合理分割，满足动静分区、热环境分区要求，改善室内、通风、采光以满足室内的卫生要求；此外，考虑到家庭生活的安全性和私密性，以及人们亲近自然、邻里交往的需要，设计应符合人们身体尺度和心理尺度的需求，并做到无障碍。

结合自然设计、结合“3R”设计以及结合人文设计，分别从自然生态、经济生态和社会生态的不同侧面反映生态整体设计的主要内容。它改变了传统建筑设计重建筑轻环境、重功能轻环保、重造型轻内涵以及就建筑论建筑的倾向，维持了建筑环境和人、自然在时空上的延续性，创造具有地域特色和文化内涵、兼顾生态责任的建筑形式和空间，营造符合人的行为和心理的室内外环境。只有将建筑置于与之有机联系的人、自然这个大循环系统，从整体观、系统观出发，才能使建筑及其环境的品质得以提升，实现建筑、人、自然的和谐共生。

5.2 节能与能源利用绿色技术

在北欧，一个能耗非常低的建筑应该具有以下特点：围护结构具有很好的隔热性和气密性，紧凑的几何形体，南向有高品质且具有有效遮阳措施的窗，没有热桥和具有高效的通风热回收系统。

5.2.1 围护结构节能技术

围护结构是指建筑及房间各面的围挡物，如门、窗、墙等，也包括某些配件。围护结构能够有效地抵御不利环境的影响。根据在建筑物中位置的不同，围护结构分为外围护结构和内围护结构。外围护结构包括外墙、屋顶、侧窗、外门等，用以抵御风雨、温度变化、太阳辐射等，应具有保温、隔热、隔声、防水、防潮、耐火、耐久等性能；内围护结构如隔墙、楼板和内门窗等，起到分隔室内空间的作用，应具有隔声、隔视线以及某些特殊的性能。围护结构通常是指外墙和屋顶等外围护结构。

对于低能耗的建筑物，通过外围护结构损失的热量应尽可能地小，并使对于获得的太阳能的使用达到最大化。热损失的大小取决于多个因素，最重要的有建筑物体形、保温隔热材料、窗洞口的设计及布局、气密性以及热桥。

芬兰非常重视建筑物的绝热，以减少供暖能量损失。2002年，芬兰环境部制定了建筑物隔热新标准，新建筑物的墙体要有采用新型材料的绝热层，并加有双层或三层的玻璃窗，室内供热系统装有自动调节阀门，以保证建筑物热能消耗减少10% ~ 15%。

1．墙体、屋顶和窗户等围护结构设计

总的来说，建筑构造设计分为轻质结构和重质结构两种类型。芬兰常见的轻质构造中，建造有若干层外墙和屋顶，其中每层都有自己的功能：防雨保护，提高密闭性，保温隔热，承重，增加气密性或阻止水蒸气渗透。这种壁体的保温隔热层有多层，通常为2～4层，带放在水平和垂直方向的柱子，以尽量减少墙柱热桥的影响，如图5–9所示。

图5–9　第四层的轻质保温墙体构造示例

在重质结构和实体结构中，砌体结构和混凝土结构是最常见的结构类型。矿棉、聚苯乙烯或聚氨酯材料是在这些结构中使用最普遍的保温隔热材料。芬兰建筑法规限定了墙体和屋顶*K*值的上限。当法规更新以后，人们开始关注能源需求总量的要求，为了实现低能量目标，墙体和屋顶的*K*值有一个活动范围。尽管如此，仍然有建筑公司的几种标准结构的*K*值取值范围是0.08～0.12W/（m^2·K）。屋顶墙体构造如图5–10所示。

根据保温隔热的类型以及使用的其他材料，保温隔热材料的厚度在轻质墙体的350mm到顶层填充绝热材料的700mm范围内变化。墙体楼板详图如图5–11所示。

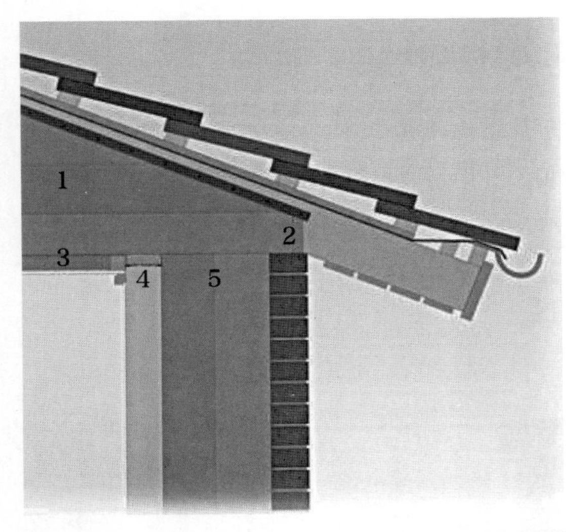

1—保温隔热材料（2×145mm+120mm）

2—风障

3—保温隔热材料（45mm）

4—密封材料

5—保温隔热材料（2×150mm）

屋顶*K*值=0.08W/（m^2·K）
墙体*K*值=0.10W/（m^2·K）

图5-10 屋顶墙体构造

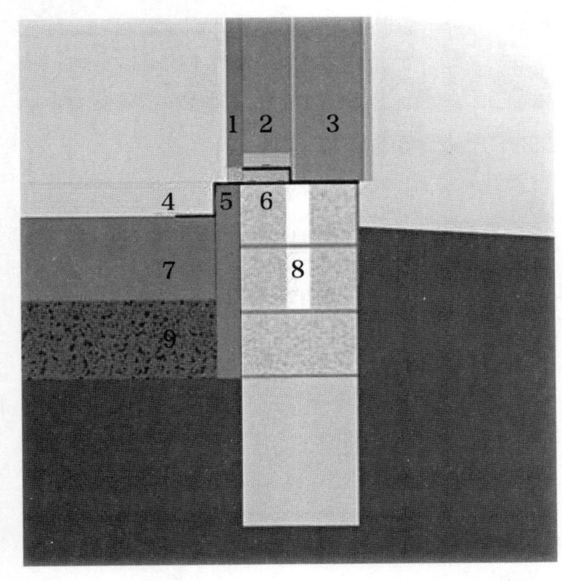

1—保温隔热材料（45mm）

2—保温隔热材料（100mm）

3—保温隔热系统

4—混凝土

5—保温隔热材料（75mm）

6—Leca千卡块（350mm）

7—保温隔热材料（260mm）

8—EPS板（70mm）

9—轻骨料（260mm）

屋顶*K*值=0.09W/（m^2·K）
墙体*K*值=0.09W/（m^2·K）

图5-11 墙体楼板详图

（1）建筑外墙材料

在芬兰，建筑外墙采取聚苯板外保温形式，外窗全部是三玻窗，窗框与墙的接缝处都用聚氨酯做了保温处理。

芬兰建筑常用墙体为阿科太克（Acotec）墙板，这种墙板是以水泥、煤渣、粉煤灰、陶粒等为主要原料，属于轻质新型墙板建筑材料，该板材具有隔声、抗冲击性好、防火、壁挂力强、收缩值小等特点。采用自动化生产线，覆盖了从配料到打包养护、交运全过程，整个生产过程体现了节能利废，生产效率明显提高。

Acotec墙板自动生产线产地在芬兰，设备性能卓越，产品质量优良，在国际上被英国、爱尔兰、西班牙、葡萄牙等40多个国家选用，已经有20多年的历史，最新一代（第五代）的生产线，实现了生产工业化、规模化，极大地满足了新结构体系的市场需求。

我国上海、成都、乌鲁木齐等先后建成了Acotec自动生产线。实践证明，由于生产线技术先进，自动化程度高，只要严格控制技术参数，产品的各项性能均符合并优于我国相应的空心隔墙条板行业标准。

（2）芬兰与中国保温材料要求对比

芬兰大部分保温材料采用岩棉。芬兰外墙外保温标准现状如下：

①仅关注可发性聚苯乙烯板（EPS板）与岩棉板两种较成熟的系统，许多共性的要求可以统一，系统标准与应用技术规程配合起来可以方便技术实施。

②对系统组成材料的性能指标要求比较全面，除了安全性外，同时关注其他的性能，如隔声、防火、卫生、环保、健康及节能。

③应用技术规程对施工前准备、施工流程、可能出现质量问题的环节、细部节点构造、施工工具、人员培训等都有非常具体的要求，施工图集非常全面，施工人员可以直接参考应用。

中国的外墙外保温标准非常多，有国家标准、行业标准、地方标准，而且体系非常多。许多标准对同类型材料的技术指标要求不同，主要针对材料本身性能确定性能指标，而不是根据系统需求提出指标要求，如对不同材料的体积稳定性要求完全不同。由于前两年的防火形势，近年大量出现的地方标准更趋于强调材料的防火，对真正重要的耐久性、长期的保温效率、系统相容性、系统构造等缺乏足够重视与研究。

芬兰外墙外保温系统基本只采用板系统，涉及的保温材料仅有EPS板及岩棉板两种，安装采用粘、锚及机械固定三种方式；中国外墙外保温系统有板系统、浆料系统、喷涂体系、模板（有网/无网）体系，涉及的保温材料类型及形态非常多，多数仍以粘接为主。芬兰外墙外保温系统标准对系统要求及组成材料的要求比中国标准更多，除了安全性外，同时强调环保、耐久、隔声、防火等性能。

2．门窗

门窗具有如下功能：照明、通风、防潮、保温隔热、防风、遮阳、防眩、视觉保护、安全防护、防范机械损坏、防噪声等。

窗户是造成热损失最多的外围护结构构件。目前，低能耗建筑墙体的*K*值大约是0.1W/（m^2·K），而市场上最好的玻璃的*K*值大约为0.9W/（m^2·K）。然而，玻璃是整个窗口的最好的保温隔热构件，窗洞口的最大*K*值可达1.8W/（m^2·K）。因此，建筑设计原则是少用大窗户。同时，玻璃和窗框的选择也很重要。

研究显示，窗户的朝向设计严重影响能量的需求。以位于北部特隆姆瑟（Tromso）的一栋别墅为例，低能耗建筑的主要窗口朝向介于东南向和西南向之间。

现在的窗户大都是双层或三层窗。两层玻璃之间的密封空间可以填充空气或者惰性气体，如氩气和氪气等。表5-2显示了芬兰市场中窗的性能。从单一型到三层低辐射型，*K*值显著降低。图5-12显示了芬兰典型窗户的结构。

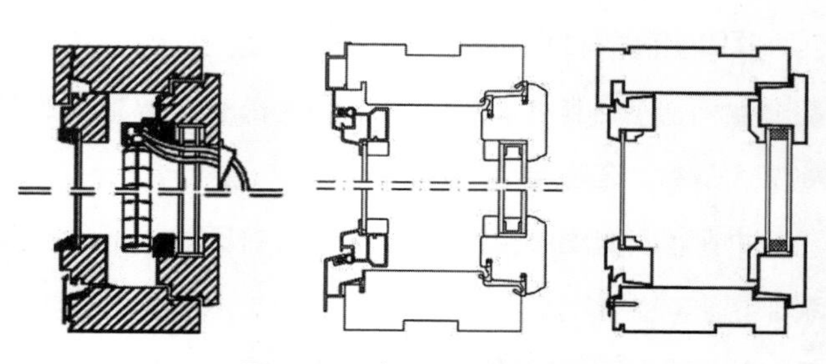

图5-12 窗洞口结构详图

不同类型窗户的*K*值和*g*值　　表5-2

玻璃	单层窗	双层窗	双层低辐射率窗，中间填充氩气	三层低辐射率窗，中间填充氪气	三层低辐射率窗
*K*值［W/（m^2·K）］	5.60	2.80	1.40	0.70	0.70
*g*值	0.85	0.76	0.63	0.49	0.60

芬兰门窗均有良好的密封和保温性能，其中门的传热系数*K*值的国家标准为1.5W/（m^2·K），双框三玻窗的*K*值也达到了1.4W/（m^2·K），远低于我国的节能标准2.0W/（m^2·K），既保证了良好的热工性能，也有效地防止结露现象的发生。同时，门窗的开口边缘均用橡胶条密封，减少了冷风渗透。

3. 墙体和地面的保温

在北欧国家中，最常见的保温隔热材料是矿棉、玻璃棉和纤维棉，这些材料的导热系数都低于0.5W/（m^2·K）。导热系数越小，保温性能越好。芬兰的有关部门，已经将外围护结构所允许的最大传热系数*K*值进行了界定。根据芬兰当前的建筑法规，屋顶、外墙和地面的*K*值的上限为0.2W/（m^2·K）。由于*K*值是由材料的导热性以及厚度决定的，因此*K*值主要是为了确定屋顶和墙体的保温材料的厚度。基于矿物油的发泡聚苯乙烯（EPS）或挤塑聚苯乙烯（XPS）和聚氨酯泡沫（PUR）的保温材料也常用于低能耗住宅中。EPS和XPS常用于地面保温，但也可用于外墙构造中。PUR具有相对低的热传导率，并且经常为避免厚度过大而用在重型结构，如混凝土夹芯，偶尔也用于绝热的屋顶。在寒冷气候地区，为实现节约能源的目标，需要建筑有较高的保温隔热性能。在芬兰，有两种典型的墙结构。一种是非承重木墙，这种外墙通常用空气腔来避免水分流失，主要使用砌体空心墙，这些与英国和其他温和气候的欧洲国家非常类似。另一种典型的墙结构是非承重的夹芯板，可以通过改变绝缘层的厚度以使其适应不同的条件，同时采用EPS热绝缘结构，从而取得较好的保温效果。

在芬兰，Rakenneleikkauspankki是一个为建设者和规划师提供建筑物不同墙体结构解决方案的网站。表5–3给出了三种典型的结构类型——带木包层的混凝土结构、带木包层的木结构和带土包层的砖结构。

不同框架结构和建筑节能要求下的保温细节 表5–3

结构类型	壁层	住宅类型	K值 [W/（m^2·K）]	隔热厚度 （mm）
带木包层的混凝土结构 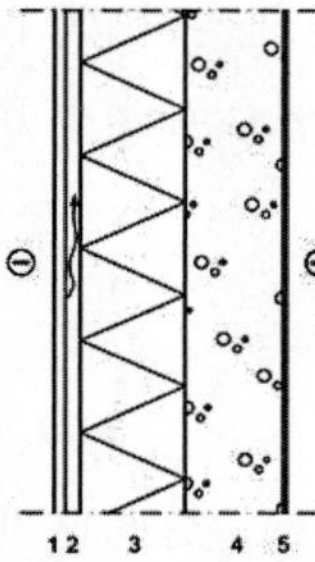	1—外部包层 2—通风空间 3—保温层 4—混凝土（≥150mm） 5—内壁的油灰和表面处理	正常住宅	0.16	140
		低能耗住宅	0.14	160
		被动式节能住宅	0.09	150+100
带木包层的木结构 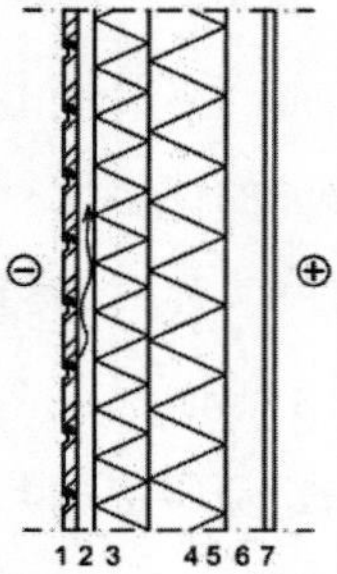	1—外部包层 2—通风空间 3、4—保温层 5—框架柱 6—装配空间 7—内衬板，如石膏板	正常住宅	0.17	50
		低能耗住宅	0.13	100
		被动式节能住宅	0.09	100
带土包层的砖结构 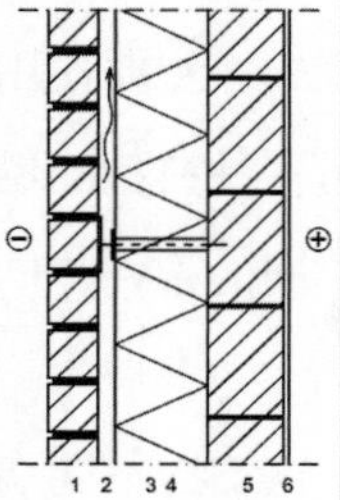	1—砖墙表面 2—通风空间（≥30mm） 3—砌体 4—保温层 5—砖砌框架（130mm），接缝灌浆（5mm） 6—内壁的油灰和表面处理	正常住宅	0.16	130
		低能耗住宅	0.14	160
		被动式节能住宅	0.09	120+120

4．热桥

一个经过良好规划的建筑可具有优良的保温性能——没有空气泄漏，具有最优化的设计，窗户能避免不必要的大量的热损失。这些热损失可能缘于热桥作用。热桥被定义为一个比周围环境传导更多热量的结构。对于减少能源热需求和增加建筑施工的热阻来说，热桥是非常重要的。热桥通常出现在建筑物的角落，也能渗透支承构件的保温层。热桥应当减少，减少热桥不仅可以减少热损失，也能避免因局部温度低而增加的模具的风险。为了设计一个良好的建筑结构和一个舒适的室内环境，热桥的影响应该仔细考虑。

表5–4给出了一些解决热桥的典型例子。

解决热桥的典型例子　　　　表5-4

类别	不好的 / 普通的细节	优化的细节
使用灰砂砖的内墙	Ψ=0.55W/（m·K） 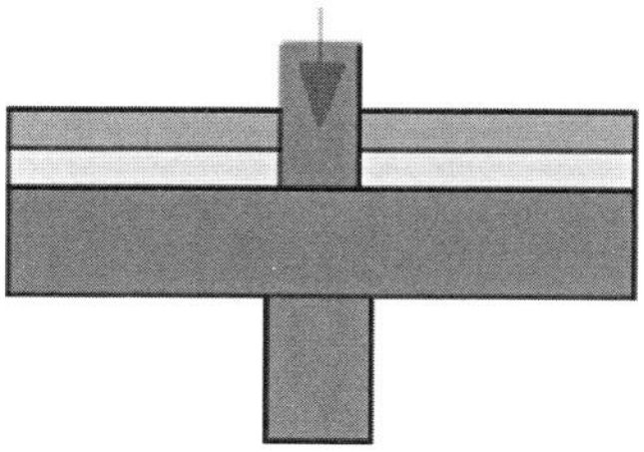 无热分离	Ψ=0.17W/（m·K） 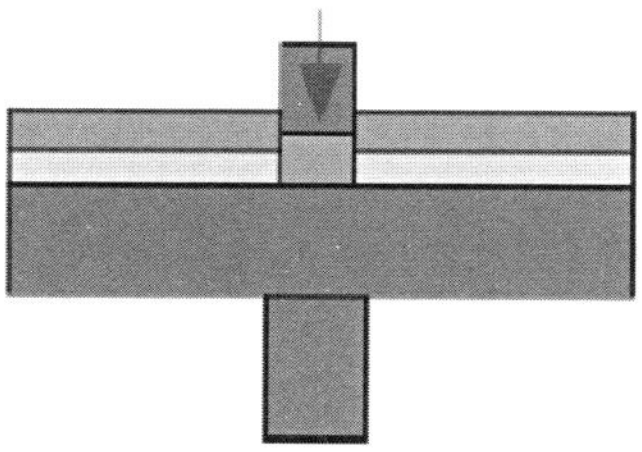 热分离
阳台	Ψ=0.30W/（m·K） 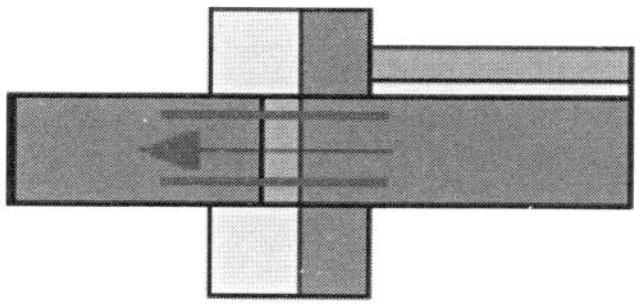 无热分离	Ψ=0W/（m·K） 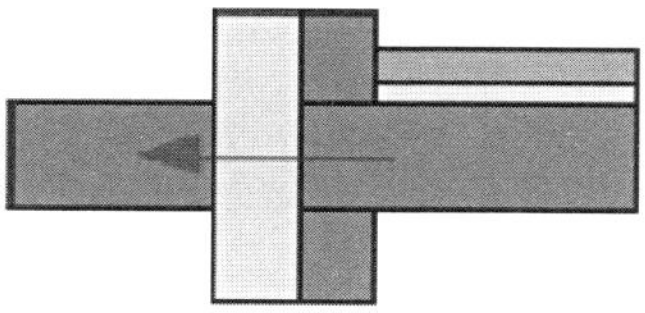 结构自身上的阳台

续表

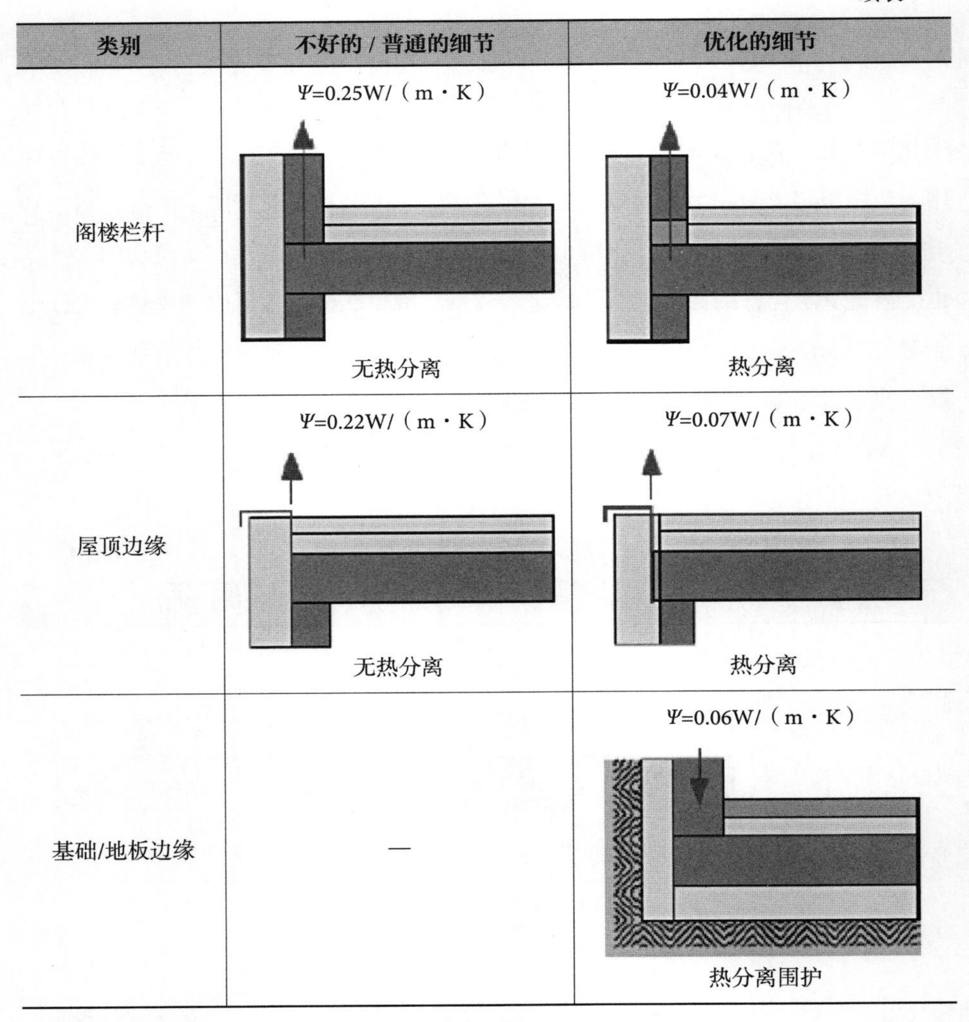

类别	不好的 / 普通的细节	优化的细节
阁楼栏杆	Ψ=0.25W/（m·K） 无热分离	Ψ=0.04W/（m·K） 热分离
屋顶边缘	Ψ=0.22W/（m·K） 无热分离	Ψ=0.07W/（m·K） 热分离
基础/地板边缘	—	Ψ=0.06W/（m·K） 热分离围护

5. 遮阳系统

（1）遮阳方式

芬兰建筑普遍使用的是卷帘式活动外遮阳，基本为标准配置。这一技术在我国的各类项目中应用不多，我国普遍应用的是内遮阳，其主要原因包括成本问题、后期维护与审美差异等。相较于外遮阳来说，内遮阳隔热的效果差很多。有研究显示，外遮阳不仅能够使阳光辐射强度大幅降低，而且在夏季能使空调能耗减少60%左右。

（2）遮阳控制窗口

窗口的大小和位置有助于在建筑物的供暖过程中利用太阳能。同时，窗能满足建筑内部照明的基本要求。例如，由于太阳辐射过强会产生风险，因此必须使用遮阳装置。同时，对于气候较冷的冬天和太阳辐射不强的时节，热系统的设计必须能够应付最寒冷的冬天（假设没有太阳辐射热量的贡献）。一般来说，外遮阳设备可以有效地减少不必要的太阳能热增益。将遮阳装置放置于窗户的玻璃板之间也很有效。

遮阳装置可根据居民的真正需求进行手动或自动调整，从而保持一整天舒适的热环境。通常有3种方式可实现遮阳，包括外遮阳、跨窗格遮阳和内遮阳。常见的装置包括遮阳篷、遮阳帘、百叶窗或活动百叶窗。固定的外遮阳装置包括悬挑、薄板、固定百叶窗甚至是阳台，通常作为底层公寓的基本设施。随着跨窗格遮阳的发展，百叶窗、织物或阳光控制膜通常安装在双层玻璃窗或绝缘效果更好的三层玻璃窗上。内遮阳装置则是设置在窗玻璃的内侧。典型产品有百叶窗、屏风、下拉百叶窗、窗帘或太阳能控制膜。

5.2.2　被动式节能设计

被动式建筑节能设计的关键环节是综合设计，即把建筑的空间、功能、构件、立面等作为一个整体来进行设计，以达到对环境最小影响、投资和运行费用最低的理想效果。本节通过建筑体形系数、被动式通风设计和被动式太阳能利用几方面分析被动式节能技术。

1．建筑体形系数

为了减少建筑物外围护结构临空面的面积大而造成的热能损失，相关节能建筑标准中对建筑物的体形系数作出限定，规定不同地区的住宅体形系数应在限定值以内。建筑的耗能量随着体形系数加大而增加，体形系数小，建筑物耗能效果好。

自19世纪60年代起，芬兰建筑界最主要的变化是主流思想对理性主义的迅速接纳。空间的解构主义、中性形式和模数系统继续成为大多数建筑师追求的目标，一直延续至今。建筑师一般通过简单的建筑砌块进行设计，它们外观简洁，体形系数小，而内部空间丰富。这样既满足建筑的节能效果，又在内部营造出令人震撼的空间感受。如芬兰海门林纳档案馆由一座混凝土的档案大楼和一座金属覆盖表面的办公大楼共同构成。室内过渡空间极其复杂，其外表却是一个简单的方盒状体块（图5-13）。

图5-13　芬兰海门林纳档案馆

图5-14　芬兰馆的“冰壶”造型示意图

再如2010年上海世博会芬兰馆（也被称为“冰壶”）的设计，外墙是由2.5万片“鱼鳞”组成的，游客进出时触手可及。据了解，这些“鱼鳞”总重18t，不仅能经受住大陆季风带来的日晒雨淋，而且能抵抗台风。这与芬兰馆整体简洁的碗状造型有密切关系。建筑的流线形体形有利于抵抗强风（图5-14）。

良好的关于体形系数的建筑设计实例，可以充分应用于我国建筑设计领域，建筑初期的体形设计与建筑节能息息相关，减少建筑立面的凹凸变化，即减少建筑周长、外表面积，可以有效地降低建筑能耗。

2．被动式通风设计

良好的通风条件可以大大改善室内环境，节能环保建筑离不开系统有序的通风条件。芬兰素有“千湖之国”的称谓，风技术产业在全球价值链中占有重要地位。良好的风力资源，使得在建筑设计中可以采用被动式通风来满足建筑室内的基本要求。

建筑自然通风组织设计方法主要有以下几方面。

（1）建筑体形与空间设计

首先，屋顶的形状影响室外风压和自然通风效果。风压作用下，随着屋顶坡度的增加，背风面逐渐转化为正压区。加大进风口的面积或在迎风面设置外廊有助于减小建筑设施（如遮阳构件）对风产生的阻力。在垂直方向上分层设计通风流线可以产生复合通风功效，通风口高度接近人的活动区域可以提高热舒适性；在高处和顶部开设通风口有利于散热和夜间通风。例如，2010年世博会芬兰馆——“冰壶”的顶部是个碗状开口，下部墙壁底端作为行人主入口开口，这样的设计保证了良好的自然通风（图5–15）。

图5–15　芬兰馆“冰壶”建筑结构

其次，在建筑中区布置高大空间腔体（如中庭、边庭等共享空间，楼梯间、通风井等）以及坡屋面、高出屋面的通风塔等可以组织热压和风压组合式通风。

最后，利用底层架空空间组织自然通风可以产生良好的通风效果。

（2）建筑开口设计

①窗的朝向与平面位置。当窗开设在相对的两面墙上，且正对主导风向时，气流会笔直穿过，对室内影响较小。因此，窗的朝向宜与主导风向成一定角度以增加气流对室内空间的影响。在只能垂直于主导风向开窗的情况下，则采用错位开窗的方式。

②窗的大小。当建筑存在穿越式通风，窗垂直于风向时，窗的大小对提高通风效果有限，风向与窗斜对时，建筑外墙存在较大的压力变化，利于提高通风效果。

③窗的竖向位置。调整窗的竖向位置可以控制气流在竖向上的分布，其中进风口产生的影响比出风口大得多。采用高进风口、低出风口和高进风口、高出风口，对人体散热不利；采用低进风口、低出风口和低进风口、高出风口，对人体散热有利。

（3）建筑自然通风空间、设施与构件设计

①通风中庭（边庭）空间。利用中庭（边庭）的高大共享空间腔体可以组织热压和风压组合式的自然通风。进出风口较大的高差有利于低压热气流的上升和冷气流的下降，从而实现“烟囱效应”。

②通风竖井（风道）。在建筑内部设置垂直竖井（风道）是组织自然通风常用的方法之一，如厨房、卫生间、地下车库的排气道等。一般在竖井出口安置排风口或太阳能空气加热器，以加强对内部空气的抽吸作用。

③太阳能烟囱。采用太阳能烟囱是应用较多的热压通风做法，可以强化自然通风的压头和增加风量，以建筑中竖向贯穿多层的内部空间等作为热压通风腔体，利用腔体集热面吸收太阳辐射热量，为空气提供浮升动力，将热能转化为动能。常用的太阳能烟囱有数值集热板式太阳能烟囱、倾斜集热板式太阳能烟囱、特隆布（Trombe）墙体式太阳能烟囱、辅助风塔通风的太阳能烟囱等。

④捕风塔（窗）。建筑密集布局的传统聚落由于气流受到干扰或遮挡，常在建筑屋顶设置高于建筑屋面、面对主要来风方向的捕风塔（窗），用以拦截气流并将其引导进建筑室内空间中。

⑤导风板。当建筑仅在一侧外墙上开口或建筑开口与风向的有效夹角超出20°～70°范围时，可以设计应用导风板引导自然通风。

⑥智能送风口。芬兰SPARRAS学校项目在能源利用方面有很多亮点（图5–16），厨房的余热被回收用于室内空调供热，冰箱制冷系统的热量也被有效回收至空调系统，智能变风量风口美观大方，地道风的使用大大节约了夏季的制冷能源及冬季的供热能源，取得了非常好的节能效果。

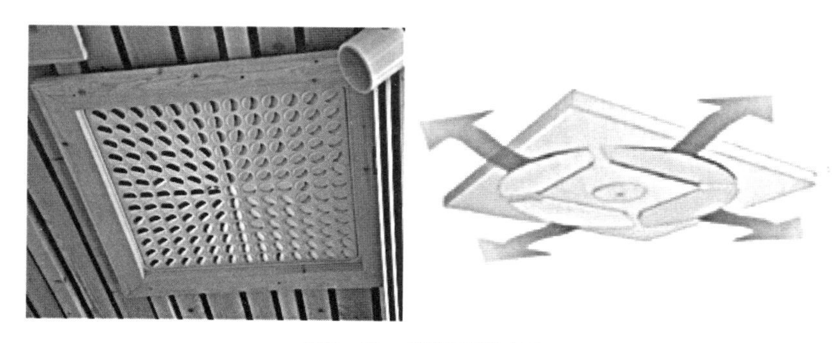

图5-16 变流量送风口

3．被动式太阳能利用

（1）自然采光

被动式太阳能建筑基于对太阳辐射热量收集、蓄存和使用方式的不同，可分为直接受益式、集热蓄热墙式、附加阳光间式等（图5-17）。

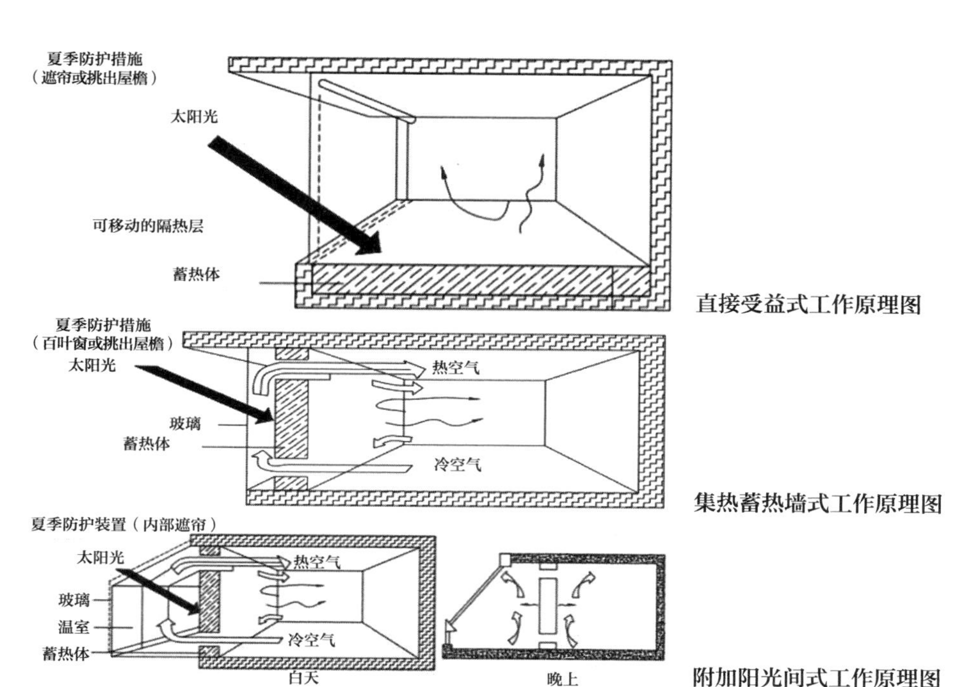

图5-17 蓄热体示意图

①直接受益式。是被动式太阳能建筑中最为简单直接的一种利用太阳能向室内供暖的形式，是利用南向窗户的透明玻璃通过太阳光直射和太阳光散射向建筑墙体、室内地面及其他物体上，其中大部分热量通过对流换热和辐射换热形式，向室内提供热量，并有部分热量再次被室内物体所吸收，进而二次向室内提供热量，以维持室内温度的一种方式。

②集热蓄热墙式。是建筑利用朝向为南侧的墙体作为主要吸收并存储太阳能的围护结构，然后通过对流、导热、辐射3种换热形式，将热量传入室内以提高室内温度的一种方式。北欧地区的被动式太阳能建筑通常采用通过集热蓄热墙、风口的启闭来利用太阳辐射能的建筑围护结构形式。太阳透过玻璃层加热空气层内的空气，通过集热蓄热墙体上的风口将热空气导入室内实现房间的供暖。

③附加阳光间式。是集热蓄热墙系统的一种延伸，利用温室效应来获取太阳能，在建筑南侧附设阳光间，以便于更好地利用太阳能，阳光间的围护结构由透光材料组成。与以上2种方式不同，附加阳光间式被动式太阳能建筑是将太阳辐射热量由阳光间传到室内，而不是直接由室内接收。冬季，当阳光间温度大于室内温度时热空气可以通过上部向房间内供热，当室内温度高于阳光间，可以隔断与阳光间的联系，减少室内热量的散失。夏季，利用阳光间可以缓冲室外太阳辐射热量造成的室内温度的升高，从而维持室内的热舒适性。对阳光间进行适当利用并不会过于浪费建筑面积。

目前，集热蓄热墙式被动式太阳能建筑应用最广泛。与直接受益式相比，集热蓄热墙式被动式太阳能建筑可以提高室内温度稳定性，对于太阳辐射热量的利用更加充分。

④遮阳设计。遮阳板可以用来控制太阳的热周期，决定直接受益窗接受太阳能的时间。一般来说，温度越低，需要的太阳辐射热量越大，屋檐出挑长度也越短。不过，对寒冷地区应进行进一步区分。有些地区寒冷却日照充足，有些则寒冷多阴。设计师应该根据不同地区调节遮阳设计，阳光利用率低的地区，遮阳板出挑长度较短。

另外，还可以利用树木及其他植被遮阳。树和其他植物不仅能遮挡太阳辐射、提供阴凉，还能通过蒸发作用降低建筑周围的空气温度。采用落叶树可以为南向遮阳，采用灌木和较矮小的树木就可以为东西墙和窗遮阳。

最后，还可以通过百叶窗、遮阳篷、卷帘、太阳光屏蔽玻璃纸贴膜和廊架进行有效的遮阳。

（2）在围护结构上的设计

被动式太阳能利用在围护结构上的设计主要有以下几种。

①特隆布墙。特隆布墙也称为特隆布—米歇尔墙，是一种由玻璃和蓄热墙体通过一定的构筑方式组成的、被动式利用太阳能为建筑室内空间供暖（冷）并实现自然通风的节能复合墙体（图5-18）。

②双层玻璃幕墙。该结构体系被认为是建筑“会呼吸的皮肤”，由内外两道玻璃幕墙、其间的空腔以及进出风口、遮阳百叶窗等设施构件组成。该结构可为建筑提供自然采光，避免开窗对室内气候的干扰，使室内免受室外交通噪声的干

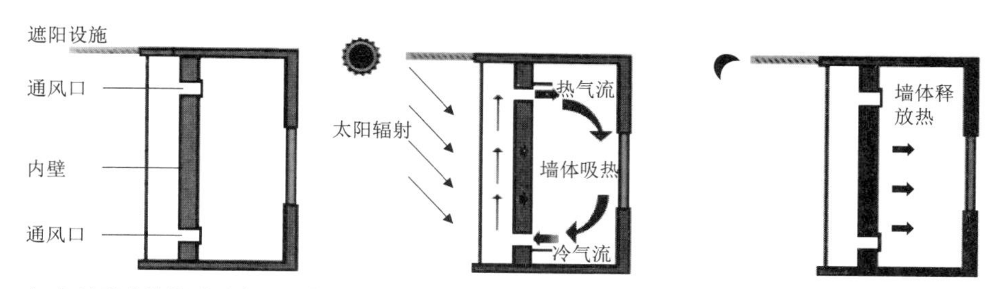

（a）特隆布墙构造示意图 （b）特隆布墙冬季白天作用示意图 （c）特隆布墙冬季夜晚作用示意图

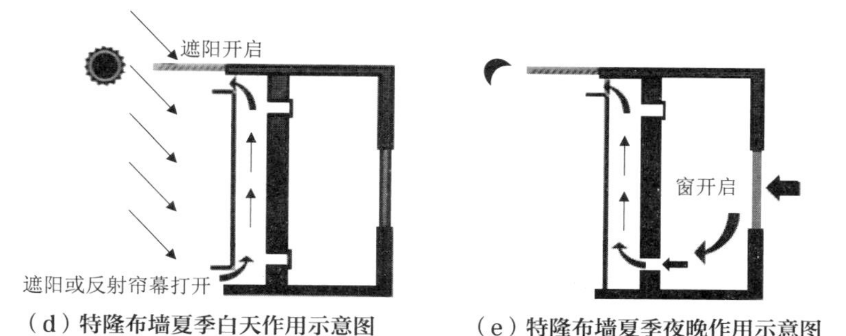

（d）特隆布墙夏季白天作用示意图 （e）特隆布墙夏季夜晚作用示意图

图5-18 特隆布墙构造与运行示意图

扰，夜间可安全通风。不足之处在于过大的玻璃面增加了对太阳辐射热量的吸收，提高了环境温度调控的难度。

③透明热阻材料（TIM）墙。透明热阻材料墙体与前述的特隆布墙和双层玻璃幕墙在构造形式和运行机理上有相似之处，都是被动式利用太阳能复合墙体。不同的是，该墙体内外构造层之间不采用空气间层，而是采用透明热阻材料填充空间。

④水墙。在朝向阳光的外墙外侧水管内或埋设在墙体中的导管内注水即构成水墙，也有利用盛水容器完全替代传统砖石墙的水墙做法。由于水的比热容比砖石大，因此单位体积水的蓄热效率更高。

（3）建筑“太阳能空间”设计

被动式太阳能利用还可以体现在建筑“太阳能空间”设计上。

①太阳房。太阳房是在朝向主要日照方向布置的、建筑室内空间与外部环境之间的过渡空间，有时也可作为功能用房。太阳房多采用大玻璃窗作为外围护结构，可以让更多的太阳辐射透过玻璃进入室内，被内部围护结构表面或内部空间所吸收，是应用广泛的被动式收集和利用太阳能的典型空间模式之一。按照供热方式，太阳房可以分为5种类型：直接型、半直接型、独立温室型、间接型、热虹吸型，部分示例如图5-19所示。

②中庭空间。中庭空间被动式太阳能利用主要通过温室效应和烟囱效应实现。温室效应是指太阳辐射通过中庭的采光面进入空间，空间内表面被加热后发出的长波辐射被玻璃反射回室内，使空气温度逐渐升高的效应。烟囱效应则是由

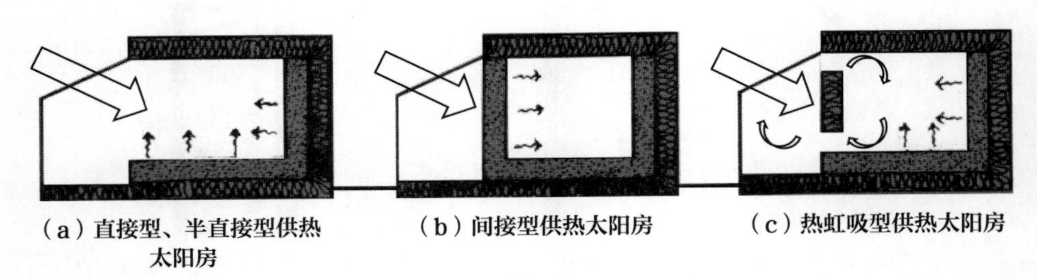

（a）直接型、半直接型供热太阳房　（b）间接型供热太阳房　（c）热虹吸型供热太阳房

图5-19　太阳房空间主要类型示意图

于中庭内部的空气温度高于室外，中庭空间内沿高度方向的气压差比室外低，导致室外气流从中庭底部进入，被加热后逐渐上升并从中庭顶部排出的现象。根据室内微气候调控的需要，中庭可以分为供暖型、降温型、自然通风型和混合型等。

5.2.3 设备节能

1．设备节能概述

建筑设备包括建筑电气、供暖、通风、空调、消防、给水排水、楼宇自动化设备等。建筑内的能耗设备主要包括空调、照明、热水供应设备等。芬兰非常注重建筑设备节能技术的研发和应用，大力推广建筑节能设备的应用，如空调热回收技术和地源热泵技术等，在芬兰具有很高的使用率。

与此同时，芬兰在建筑节能设备设计中大力应用利用可再生能源，如利用地下水作为空调系统的冷却水和热源水，用制冷（热）泵从低品位热源中提取所需的冷（热）量为建筑供冷（热）；又如太阳能是清洁的且用之不尽的可再生能源，不仅可提供生活热水，还可进行光伏发电，为建筑的照明系统提供光源。另外，将太阳能应用于空调技术，可以有效降低由于使用常规机械压缩制冷设备带来的大量电力消耗，从而减轻由于燃烧化石燃料发电所带来的环境污染。

建筑设备的节能设计，必须依据当地具体的气候条件，首先保证室内热环境质量，同时，还要提高供暖、通风、空调和照明系统的能源利用效率，以实现节能环保、可持续发展战略和能源发展战略。建筑设备节能设计应注意如下问题。

①合适、合理地降低设计参数。合适、合理地降低设计参数不是消极被动地以牺牲人类的舒适、健康为前提。对于空调的设计参数，夏季的空调温度可适当提高一点，冬季的供暖温度可适当降低一点。

②建筑设备规模要合理。建筑设备系统功率大小的选择应适当。如果功率选择过大，设备经常部分负荷而非满负荷运行，导致设备工作效率低下或闲置，

造成不必要的浪费。如果功率选择过小，达不到满意的舒适度，势必要改造、改建，也是一种浪费。建筑物的供冷范围和外界热扰量基本是固定的，出现变化的主要是人员热扰和设备热扰，因此选择空调系统时主要考虑这些因素。同时，还应考虑社会经济的发展，注意在使用周期内所留容量能够满足发展的需求。

③建筑设备设计应综合考虑。建筑设备之间的热量交换有时起到节能作用，但有时则是冷热抵消。例如，夏季照明设备所散发的热量将直接转化为房间热扰，消耗更多冷量；而冬天的照明设备所散发的热量将增加室内温度，减少供热量。所以，在满足合理的照度下，宜采用光通量高的节能灯，并能达到冬夏季节节能要求。

④建筑能源管理系统自动化。建筑能源管理系统（BEMS，Building Energy Management System）是建立在建筑自动化系统（BAS，Building Automatic System）的平台之上，是以节能和能源的有效利用为目标来控制建筑设备的运行。它针对现代楼宇能源管理的需要，通过现场总线把大楼中的功率因数、温度、流量等能耗数据采集到上位管理系统，全楼的水、电力、燃料等的用量由计算机集中处理，实现动态显示、报表生成，并根据这些数据实现系统的优化管理，最大限度地提高能源的利用效率。BAS系统造价相当于建筑物总投资的0.5%～1%，年运行费用节约率约为10%，一般4～5年可回收全部费用。

⑤选择合适的建筑物空调方式及设备。建筑物空调方式及设备的选择，应根据当地资源情况，充分考虑节能、环保、合理等因素，通过经济技术性分析后确定。

2. 照明设备节能

照明在建筑能耗总量中也占有很大比例，因此，如何提高照明设备的节能水平，是整个建筑设备节能的重点之一。芬兰的建筑照明主要节能措施如下。

①采用新型高效节能光源。高光效光源主要是指气体放电灯：低压气体放电灯以荧光灯为代表；高压气体放电灯主要为高压钠灯和金属卤化物灯。一般房间的照明应优先采用荧光灯，荧光灯已由普通型发展到第二代高光效型。高大

的空间场所，一般采用金属卤化物灯、高压钠灯及混光灯。发光二极管（LED）以其寿命长、显色性好、无频闪、响应时间短、耐振动等优点，得到广泛的应用。

②提高照明设计质量精度。建筑照明设计中普遍存在随意加大光源的功率和灯具的数量或不选用节能产品、照度不符合标准、照明配电不合理、光源和灯具选型不妥等现象，这些都会造成能源浪费。芬兰建筑要求从设计阶段就提高设计质量的精度，从建筑照明的最初环节上实现能源的高效利用。照明系统的节能应着重考虑灯具的选用、智能布线、室内灯光亮度的合理配置、与自然光的结合等问题。尤其是公共建筑的灯具和照度设计，更应引起重视。

③采用智能化照明。智能化照明系统的组成包括：智能照明灯具、调光控制及开关模块、照度及动静等智能传感器等单元。智能化的照明系统可实现全自动调光，更充分利用自然光、照度的一致性，智能变换光环境场景，在运行中节能，延长光源寿命。

④重视利用太阳能。太阳能光伏技术的发展，给太阳能在照明中的应用带来了更加广阔的前景。芬兰在建筑中大量使用太阳能电灯和太阳能发电装置，通过提高太阳能的利用率，从而能够节省大量电力（图5-20）。

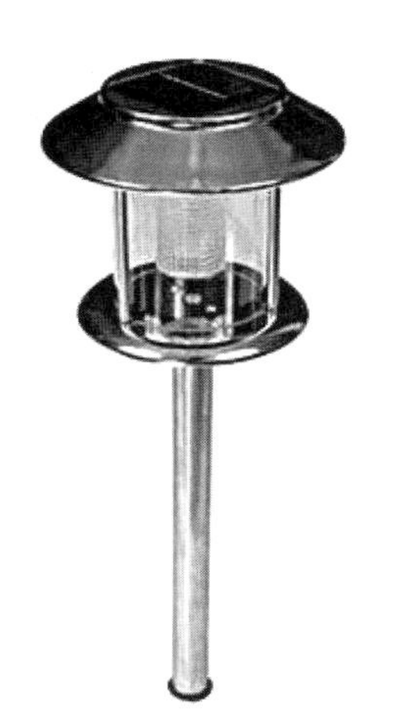

图5-20　利用太阳能的示例

在我国，照明用电量已占总用电量的10%以上，照明用电往往直接转化为空调冷负荷。在空调面积大、照明容量大的地方，应采用照明与空调的组合系统。注意采用节能灯，节能灯发光效率高，是白炽灯的5倍左右。即同样亮度时，节能灯耗电量只有白炽灯的1/5。采用节能灯不仅减少照明电耗，而且可以减少空调负荷。

3．暖通空调设备节能

芬兰建筑的供暖全部采用集中供暖系统，由区域热力中心为各单体建筑供暖。由于特殊的气候特征，芬兰全年供暖，但是每户都装有可调节的供热调节终端，便于节能控制和费用计量。散热器还是采用传统的散热片式的形式，安装在窗下等位置。

暖通空调设备在建筑能耗中占有很大的比重，特别是夏冬两季，对暖通空调的需求较大，能源消耗巨大。因此，对暖通空调设备的节能改造显得尤为重要。暖通空调领域节能的途径与方法分为以下几种。

①精心设计暖通空调系统，使其在高效经济的状态下运行。暖通空调系统，特别是中央空调系统是一个庞大复杂的系统，系统设计的优劣直接影响系统的使用性能，可采取降低冷却水温度、采用大温差、采用低流速的方式。

②提高系统控制水平，调整室内热湿环境参数，尽可能降低空调系统能耗。空调系统，特别是舒适性空调系统对人体的作用是通过空气温度、湿度、风速、环境平均辐射温度进行的，人体对环境的冷热感觉是这些环境因素综合作用的结果。

4．中芬设备节能对比

（1）芬兰设备节能

芬兰建筑的设备节能技术针对普通建筑两大耗电需求——新风换气和空调照明——进行了富有成效的技术改进。其中，芬兰大范围地在通风空调系统中采用热回收技术。在建筑物的空调负荷中，新风负荷所占比例比较大，一般占空调总负荷的20% ~ 30%。为保证室内环境卫生，空调运行时要排走室内部分空气，必然会带走部分能量，而同时又要投入能量对新风进行处理。如果在系统中安装能量回收装置，用排风的能量来处理新风，就可减少处理新风所需的能量，降低机组负荷，提高空调系统的经济性。

房屋正确的运营及维护是达到住房节能的标准的重要条件。为了使房屋使用者了解正确的使用方法，芬兰建筑企业在竣工后一般要对用户进行培训。房屋使用一段时间后，墙体气密性、管道通畅性、空气过滤系统等都可能出现问题，导致能耗上升，这时就要进行修理维护。芬兰房地产公司在房屋维护方面投入很大的精力。相对于维护运营差的建筑物，运营维护好的同一建筑物所需能耗可以降低20%。

（2）中国设备节能

建筑设备节能是一项系统工程，涉及规划、设计、施工、调试、运行、维修等诸多环节。增加建筑的节能措施、减少空调制冷能耗，既能缓解高峰用电压力，又能有效地发挥电力基础设施的作用。严格实施节能设计标准、推广建筑节能，是实现我国可持续发展的重要环节，不仅能减轻我国能源压力，还能减少污染，保护环境。因此，引进和学习国外先进的设备节能技术变得非常重要，可采取以下措施。

①学习芬兰的建筑节能理念。芬兰的建筑设计专家将建筑物看作机器，在选择节能技术方面不注重“新”而注重节能的长期效果，将建筑节能贯穿于设计、施工到运营维护的各个环节，这是值得学习借鉴的。芬兰政府更是将建筑节能放在环境和气候的大背景下进行指导和促进。将城市作为一个整体，发挥城市各功能的潜在合力，提高效率，促进城市可持续发展。独立建筑物的节能已经成为共生城市的一个有机部分。

②以芬兰大型建筑、房地产、设计企业为依托，开展节能技术合作。芬兰的建筑节能技术分散于各企业，特别是中小企业。芬兰大型建筑企业、房地产企业和设计企业是建筑节能技术的重点推广对象，这些企业事实上成为建筑节能技术的枢纽。与这类企业合作，可以收到事半功倍的效果。我国相关企业可考虑通过与芬兰企业合资、合作，从在中国建筑市场上的合作入手，引入芬兰建筑节能的

理念、技术和施工工艺，而后再共同开拓国际市场。

③通过定制生产，引进芬兰先进的建筑节能产品和技术。芬兰大的建筑公司在中国设有采购代表处，从中国采购建筑材料和部件。我国企业可以通过这个渠道，了解芬兰市场上合适的节能建筑材料和部件，引进生产技术，除了向芬兰建筑商供应产品外，也可以打开国内的建筑节能材料市场，获取较好的经济收益。

5.2.4 可再生能源系统

可再生能源是当今的热门话题，市场上的住宅可再生能源生产系统有几种选择。建筑上发电主要依靠太阳能光伏板，但这种方式只占一小部分。在芬兰家庭建筑中最受欢迎的替代供热系统是地源热泵。2011年，几乎一半的新家庭住宅安装热泵，空气—水热泵也常用在新房子上，如图5-21所示，大约10%的家庭的房屋使用这些类型的热泵作为主要热源。一些加热技术只能用于支撑的加热系统。例如，利用可再生能源太阳能进行加热系统支持。太阳能加热是一种正在开发的技

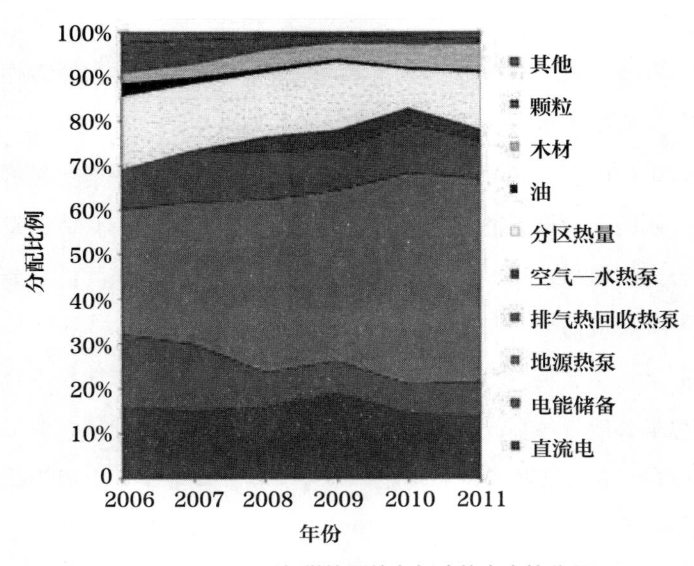

图5-21　2006—2011年供热系统在新建住宅中的分配

术，在没有太阳的时候，使用这种技术的用户则需要另一个热源。

大部分高层建筑都连接到区域供热系统。本质上是因为高层建筑通常建在高密度的城市环境里，比起一个家庭住所，高层建筑每单位安装成本会产生更大的热负荷。这些因素使得在建筑密集的区域投资供热系统是比较经济的，盈利能力较强。90%左右的芬兰现有高层建筑都连接到区域供热系统。

1. 加热系统

要想打造一个超低能耗建筑和近零能源建筑，可再生能源资源的使用应该尽可能多地用来代替初级能源的使用。下文所介绍的在芬兰建筑中使用的关键的可再生能源和技术系统，包括地源热泵、生物质颗粒炉、烧木片锅炉、空气—水源热泵和空气能热泵。

①地源热泵收集的太阳能储存在土壤、岩石和水中。地源热泵易于使用，它不需要太多的空间和运营成本；缺点是投资大且泵需要电力来运行。电的使用量取决于热源。设置在湿润的土地上的收集器能够从地下吸收更多热量。当收集器被放置在水中，如在海里，功效显而易见地比放置在地面上要高。同时，建筑对效率也有影响。地板供暖需要较低的温度水平，从而带来更高的热泵效率。

②生物质颗粒炉的利用度在芬兰并不大，但在未来收益和技术上是很有希望的。粒料是木头做的，因此该燃料在芬兰是可再生和易于获得的。其优点是具有稳定性和有竞争力的价格；缺点是需要较大的空间、分离技术、存储设备和系统需要经常维护。木质颗粒通常是用锯木压实的颗粒制成，并且生产木质粒料的方法非常节约能源。

③采伐剩余的木片和木材等可以用来烧锅炉。用木材产热的锅炉产生的热量可以存储在另外的锅炉里。如果锅炉单元维护良好，木材燃料就不排放二氧化碳和硫，而且颗粒的排放量也是很少的。在额定功率下，锅炉的最优效率在80%。然而，相对于其他供热方式，烧木材的锅炉需要居民更多的关注和工作，并且其燃料供应问题可能很棘手。

④空气—水源热泵经常使用在不可能使用地热的情况下。其投资比地源热

泵少但效率也低一些。空气—水源热泵循环地将热量从外部空气传递到水里。这种热泵满足建筑的总供热需要，但当外界温度降低时，泵的效率也降低。因此，在寒冷的冬天所需热量最大时，它需要一个辅助加热系统。由于气候原因，芬兰南部比北部更适合使用这种热泵。

⑤空气能热泵利用空气中的热量来产生热能，能全天24小时大水量、高水压、恒温提供全家不同热水和冷暖需求，同时又以消耗最少的能源完成上述要求。空气能热泵的工作流程包括：压缩机将冷媒压缩，压缩后温度升高的冷媒，经过水箱中的冷凝器制造热水，热交换后的冷媒回到压缩机进行下一循环。在这一过程中，空气热量通过蒸发器被吸收导入冷媒中，冷媒再导入水中，产生热水。

2．辅助加热系统

太阳能集热系统由太阳能集热器、蓄能器、泵和控制单元管道系统组成。太阳能主要用于加热自来水。加热自来水所需的一半热量可以通过太阳能获得。太阳能可以满足25%～35%的建筑总供热需要，在低能耗住宅里，太阳能加热量所占的比例更大。只有当太阳照射时才能出现太阳能，所以太阳能和另一个加热系统必须同时存在。芬兰的平均太阳辐射是1000kW·h/m^2，所面临的最大的挑战是，夏天的太阳光几乎存在于整个白天和夜晚，但夏天的热量需求是非常低的，只需要生活热水。为了获得一个更大比例的太阳能加热量，足够的季节性蓄热是必要的解决方案。

在今天的芬兰，几乎所有的新住宅里都有一个壁炉。壁炉可以产生大量热量来满足低能耗建筑或被动式节能建筑所需的很大一部分热量，甚至能满足1/3的热量需求。在断电或者热量分布不均匀时，壁炉可以作为备用热源。在寒冷的冬天，使用壁炉是特别有益的。壁炉适宜的场景是多种多样的，热量可以被长时间地送入房间。也有壁炉可以将热量转移到生活热水上，但这并不常用。

颗粒炉的电加热轻质结构系统可以用在除电加热系统以外的其他系统上。颗粒炉的一个优点是，它可以根据房间的温度调节产热量，也可以用在热水循环系统上。颗粒炉使用方便，炉灶使用自动点火和自动燃料，炉子上可以储存几天所需的燃料量。但颗粒炉的缺点在于需要电力。

空气源热泵将热量从室外传递到室内空气。对空气源热泵来说，当室外温度降低时，热泵的效率就会降低。空气源热泵适用于任何类型的新旧建筑。这种热泵不能作为建筑的唯一热源，但它可以作为一个辅助加热系统，配合电或油加热系统。

3．太阳能发电系统

丹麦哥本哈根“水晶云彩”（the Crystal and the Cloud）项目是绿色建筑和可持续设计的典范。采用了整体的环境优先策略，实现了低能耗（70kW·h/m^2），比哥本哈根法规规定的能耗标准降低了25%。屋面敷设了太阳能电池板（图5–22），每年可发电8万kW·h。另外，三层内表面玻璃能够高效隔热，*K*值仅为0.7W/（m^2·K），建筑基本做到了无热能损耗。

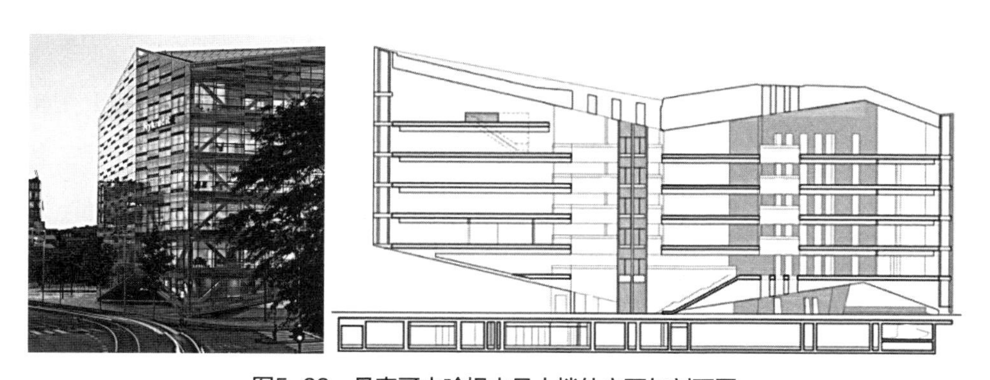

图5–22 丹麦哥本哈根水晶大楼外立面与剖面图

4．氢能系统

瑞典哥德堡汉斯·奥洛夫（Hans-Olof）房屋项目增加了电解制氢设备，最开始使用的是来自绿色氢气的碱性电解槽，每小时产生2Nm^3的氢气。生产和存储1Nm^3的氢气（热量能量为3.3kW·h）需要5.5kW·h。要生产1m^3的氢气，需要1L纯净的去离子水。这些氢气在供燃料电池使用时，将产生1.5kW·h的电能和1.5 kW · h的热量。燃料电池产生的热量会被送到房屋的整个供暖系统中。近年来，绿色氢气推出了更高效的PEM类型电解槽，Hans-Olof随机也进行了更新，并且采用了更加高效的金属氢化物压缩机系统。电解槽的年产量约为3000Nm^{3}的氢气。房屋将使用2000～2200Nm^{3}来满足房间取暖、加热水以及通风、洗涤、烹饪和照明等家庭电力需求。

5.3 节水与节材技术

5.3.1 节水与水资源利用技术

1．中水技术

在当今水资源日趋枯竭的严峻形势下，对废水进行处理和二次利用，实现污水资源化，对于缓解水资源压力、平抑水价、提高人民群众生活质量具有十分重要的现实意义。中水是指各种排水经过处理后，达到规定的水质标准，可在生活、市政、环境等范围内杂用的非饮用水。中水在运用过程中，由于流通环节少，节省了水资源费、远距离输水的能耗费用和基建费用，从而有效降低了回用水的制水成本。另外，城市污水处理后会用于农业生产和绿化，不仅可以降低运营成本，而且还可以带来可观的环境效益。

（1）芬兰中水回收利用现状

中水回收利用技术最早出现于西方发达国家，这些国家高度重视水资源保护和利用，投入巨资用于中水回收利用的宣传教育、科研创新、设施配套、政策奖励等方面，有力推动了中水回收利用的高效、有序开展，既积累了宝贵的经验，也在中水回收利用过程中得到了实实在在的好处。在污水处理的技术路线上，关键性的转变是由单项技术转变为技术集成。以往是以达标排放为目的，针对某些污染物去除而设计工艺流程，现在要调整到以水的综合利用为目的，将现有的技术进行综合、集成，以满足所设定的污水资源化的目标。

芬兰是水资源丰富的国家，在发展经济的同时，芬兰高度重视和加强水资源的开发、治理和保护，水资源总量不断增加，80%的湖水和一半以上的地下水属于可供使用的优质水资源。良好的水资源为芬兰经济的可持续发展奠定了坚实的基础。芬兰卓有成效的水资源保护最根本的一条是依法用水、管水和治水。1962年，芬兰第一部《水法》诞生，随后芬兰相继成立了专门处理水资源使用方面纠纷问题的3个水法院和进行水资源管理的13个地区环境中心。《水法》规定，水是重要的再生自然资源，与国计民生息息相关，保护和合理使用水资源是每个芬兰公民义不容辞的责任。与此同时，芬兰政府更是投入大量的人力物力财力建设和推广城镇污水处理和中水利用系统。除了建立采用先进技术的高效污水处理厂，有关部门还要通过取样检测对水资源质量实行不间断的监控，定期检查和维修供水系统和下水管道，制定应对诸如原油和有害化学物质泄漏等对水资源产生污染的重大突发事故的措施。对于人口散居和偏远的地区，有关法律规定，凡是居住人口超过50人的居民区、旅馆、度假中心和其他地区，必须建有污水处理和排放系统，禁止将生活污水排入河湖或地下以免污染水资源。

（2）中水回收利用技术发展展望

由于废水来源广泛、污染物水平各异，中水回收再利用受到原水水质及回收水质需求的限制，因此必须采取更加科学的技术手段，切实提高中水回收利用的质量和水平，这为中水回收利用技术的发展提供了广阔的平台。未来中水回收利用技术将朝着自动归类、分类处理、综合处理、科学高效的方向发展，通过组合多介质过滤、超滤、纳滤、反渗透等工艺，实现高度自动化控制，进一步降低用水成本，中水回收利用的效率会更高，水质会更好。

2. 节水器具

除了大力发展中水技术使用节水器具对节水工作也至关重要。配水装置和卫生设备是水的最终使用单元，其节水性能的好坏，直接影响着建筑节水工作的成效。因此，设计人员应优先选用节水器具和设备。

（1）节水器具和设备的应用

器具和设备的应用一般从下列方面着眼：①限定水量；②限定（水箱、水池）水位或水位适时传感、显示，如使用水位的自控装置、水位报警器；③防漏，如使用低位水箱的各类防漏阀；④限制水流量或减压，如使用各类限流、节流装置、减压阀；⑤限时，如使用各类延时自闭阀；⑥定时控制，如使用定时冲洗装置；⑦改进操作或提高操作控制的灵敏性，前者如使用冷热水混合龙头，后者如使用自动水龙头、电磁式淋浴节水装置；⑧提高用水效率；⑨适时调节供水水压和水量，如使用微机变频调速给水设备。

（2）器具与设备

1）节水型便器

家庭生活中，便器冲洗水量占全天用水量的30%～40%，便器冲洗设备的节水是建筑节水的重点。除了利用中水进行便器冲洗之外，目前已开发研制出许多种类的节水设备。美国研制的免冲洗（干燥型）小便器，采用高液体存水弯衬垫，无臭味，不用水，免除了用水和污水处理的费用，是一种有效的节水设备。还有一种带感应自动冲水设备的小便器，比一般设备日节水13L。在芬兰及德国，公共卫生间的小便器几乎100%采用了这种设备。还有各种节水型坐便器，如双冲洗水量坐便器，这种坐便器每次冲洗水量为9L，小便冲洗为4.5L，节水效果显著（图5–23）。我国大、中城市住宅中严禁采用一次冲洗水量在9L以上的坐便器。此外，利用压缩空气或真空抽吸的气动大便器，每次仅需2L的冲洗水量。

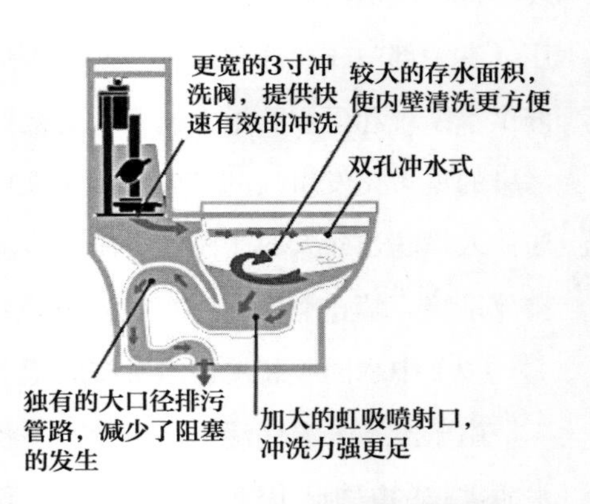

图5–23　双冲洗水量坐便器示意图

2）节水型水龙头

水龙头是应用范围最广、数量最多的一种盥洗洗涤用水器具，开发研制的节水型水龙头有延时自动关闭水龙头，手压、脚踏、肘动式水龙头，停水自动关闭水龙头，节水水龙头等，这些节水型水龙头都有较好的节水效果。日本在各城市普遍推广节水阀（节水皮垫），曾在一些城市水道局的有关窗口进行赠送。水龙头若配此种阀芯，安装后一般可节水50%以上。

3）节水型洗衣机

洗衣机是家庭用水的另一大器具，欧盟公布的洗衣用水标准为：清洗1kg衣物的用水不得超过12L。而市场上绝大多数国产品牌的洗衣机用水量均大大超过了这一标准，以普通5kg洗衣机为例，大约需要150～175L水，一些所谓节水型洗衣机只不过是设置了几个低水位段，其最低的水位段也在17L左右。

4）节水型淋浴设施

在生活用水中，淋浴用水约占总用水量的20%～35%。淋浴时因调节水温和不需水擦拭身体的时间较长，若不及时调节水量会浪费很多水。因此，淋浴节水很重要。现在研制使用的节水型淋浴器包括带恒温装置的冷热水混合栓式淋浴器，按设定好的温度开启扳手，既可迅速调节温度，又可减少调水时间。带定量停止水栓的淋浴器，能自动预先调好需要的冷热水量，如用完已设定好的水量，即可自动停水，防止浪费冷水和热水。改革传统淋浴喷头是改革淋浴器的方向之一，现在已经使用的空气压水掺气式喷头可以节省一半水量。

5）管道节水

节水的前提是防止渗漏。漏损的最主要途径是管道，自来水管道漏损率一般都在10%左右。为了减少管道漏损，在管道铺设时要采用质量好的管材，并采用橡胶圈柔性接口。另外，还应加强日常的管道检漏工作。瑞士研制开发的聚丁烯（PB）管在建筑上的全面应用引起了人们的广泛关注。首先该管材在材料上选用了化工产品中的尖端产品——聚丁烯（PB），具有耐高温、无渗漏、低噪声、保障卫生的优点，是世界上最先进的给水系统。连接方法有热熔、电熔等，使其系统能够完美地连接在一起，而且极利于施工安装。这种管材已在西欧北美等国得到广泛使用，节水效果显著。

3. 雨水收集

可利用水资源日趋紧张，一方面是因为社会总需求带来了超大量用水；另一方面则因为水资源自身补给能力不断降低，使得水资源良性的生态循环遭到破坏。雨水以其处理成本低廉，处理方法简单等优点，成为一种新的可利用水资源。

（1）国外雨水利用概况

目前，世界上许多国家的生态小区都在利用雨水。凡是有雨水的地方都可开展雨水利用，雨水利用不受规模、技术限制，投资少，对环境影响副作用小。但是受降雨时空分布影响，用水保证率较低，水质受雨水收集过程和手段影响较大。

世界上许多的国家和地区对城市雨水资源利用非常重视，将雨水资源视为其第二水源。特别是近20年来，美国、加拿大、意大利、法国、墨西哥、芬兰、土耳其、以色列、日本、泰国、苏丹、也门、澳大利亚、德国等40多个国家相继开展了雨水利用的研究与实践，并召开过10届国际雨水利用大会。其中，德国、日本、澳大利亚、美国等经济发达、城市化进程发展较快的国家，将城市雨水资源利用作为解决城市水源问题的战略措施进行试验、推广、立法、实施。

在芬兰，许多新开发的居民点附近的停车场、人行道均铺设了透水性很强的地砖，并修建了地下蓄水管网。在新建的道路上，路两旁的树底下甚至预留了积水孔，道路上的雨水不是流入下水道，而是通过路旁的积水孔直接被存蓄到树下面的积水池。

（2）城市雨水利用的主要途径和方法

目前，国内外一些城市已将雨水利用和城市环境、城市生态建设等结合起来进行建设，已建成或正在建成一批各具特色的生态小区雨水利用系统（图5–24），包括屋顶花园雨水利用系统、屋面雨水积蓄利用系统、地面雨水截污渗透系统、小区水景对雨水的利用、道路雨水利用技术。生态小区雨水利用系统的具体做法和规模依据小区的具体特点而定，一般包括屋顶花园、水景、渗透、中

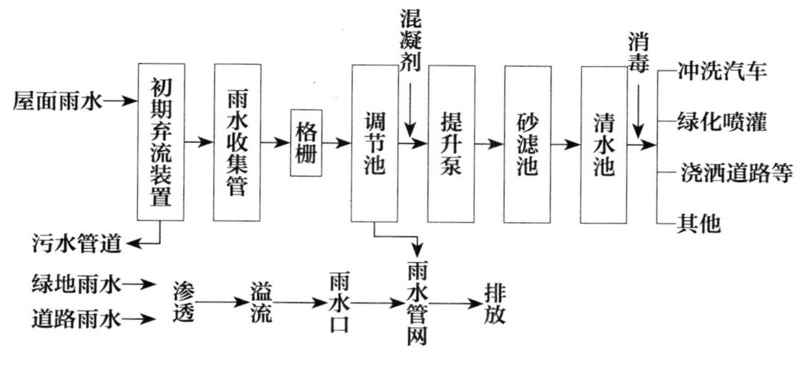

图5-24　雨水利用系统示意图

水回用等系统。此外有些小区还建造出了集太阳能、风能和雨水利用水景于一体的花园生态建筑。

城市雨水资源利用是一个相当复杂而又必须处理好的技术、经济和政策问题，需要从社会、经济、生态、科学、技术等不同角度入手，探索不同条件下雨水利用的模式与效果。城市雨水资源的开发和利用，不但是增加城市供水量的重要方式，同时是开源节流，改善生态环境，解决城市缺水问题和创建节约型社会的重要途径，也是提高水资源治理能力和安全保障程度的一项重要选择。

5.3.2　绿色建材的应用

芬兰、美国等发达国家都投入很大力量研究与开发绿色建材。国际大型建材生产企业早就对绿色建材的生产给予了高度重视，并进行了大量的工作。下文对几种主要的绿色建筑材料的情况作简单介绍。

①水泥和水泥混凝土是目前用量最大的建筑材料，传统水泥消耗大量矿产资源和能源，随着科技的进步，目前已经出现了生态水泥。生态水泥以各种固体废弃物包括工业废料、废渣、城市垃圾焚烧灰、污泥及石灰石等为主要原料制成，其主要特征在于它的生态性，即与环境的相容性和对环境的低负荷性。

②建筑玻璃是现代建筑采光的主要媒介。普通平板玻璃透光性很好，但太

阳光在普通平板玻璃的可见光谱和近红外线部分的透过率都很高，因此普通平板玻璃并不是一种绿色玻璃。目前研发并应用于实体工程的中空玻璃、真空玻璃、真空低辐射玻璃等绿色玻璃使用寿命长，可选择性透过、吸收或反射可见光与红外线，是一种节能玻璃。

③墙体材料是一种量大且使用面广的建材产品，我国某些地区墙材构成中主要的产品仍然是传统的实心黏土砖，而实心黏土砖是典型的耗能高、资源消耗大和使用过程中保温隔热效果差的产品。绿色墙体材料具有自重轻、强度高、防火、防震、隔声性能好、保温隔热、装配化施工、机械加工性能好、防虫防蛀等多种特性，目前已广泛应用的类型包括新型泰柏板、3E轻质墙板、加气混凝土砌块条板、混凝土空隙砌块、压蒸纤维增强水泥板与硅酸钙板等。

④化学建材是建筑给水排水、装饰装修时大量使用的一类材料。目前化学建材的绿色化主要通过优化生产工艺，使用无污染的原配料，杜绝使用时产生有害物质等方式来实现，主要绿色产品包括水性涂料，天然织物墙纸，HDPE、PP等树脂制成的给水管道，PVC塑料门窗及防水卷材等。

此外，还有一些绿色建材新产品，如可以抗菌、除臭的光催化杀菌、防霉陶瓷等；可控离子释放型抗菌玻璃；杀菌陶瓷等新型陶瓷装饰装修材料和卫生洁具，这些材料可以用于居室，尤其是厨房、卫生间以及鞋柜等细菌和霉菌容易繁殖产生霉变、臭味的地方，是改善居室生活环境的理想材料，也是公共场所理想的装饰装修材料。总之，绿色建材除了要具有实用功能及外表美观之外，更强调对人体、环境无毒害，节能，无污染。

5.4 室内环境质量技术

室内环境质量技术主要集中在通风节能方面，采取技术措施促进自然通风，降低室内游离甲醛、苯、氨、氡、TVOC[①]等空气污染物浓度。同时，减少噪声，调节室内光环境使其符合规范要求。下文结合芬兰，介绍中国的通风技术，阐述通风技术在提高室内环境质量中的应用。

芬兰地处北欧，冬季漫长，气候寒冷，不仅民用能耗高，而且传统的森林工业和冶金工业也是高能耗产业，使芬兰成为世界上人均能耗较多的国家之一。对于能源资源匮乏、主要依赖进口能源的芬兰来说，节能至关重要。芬兰在节能方面采取的主要措施有：建筑节能、通风及新风节能技术、热电联产和集中供暖、高能效生产新工艺、经济手段促进节能、充分利用可再生能源、政府扶持开发节能新技术等。首先，其风能技术产业在全球价值链中占有重要地位，利好的风力资源，使得芬兰在建筑设计中可以采用被动式通风来满足建筑室内的基本要求。

建筑通风的目的是提供人们呼吸用的新鲜空气或在夏季降低室内温度，通常包括热舒适通风和卫生通风。空调技术的产生与成熟，可以使人们在一完全封闭的空间内创造出一个独立的小气候，但空调的负面影响引起了人们的警惕，因而新风的引入必不可少。要保证通风系统的高效运作，必须满足两个前提条件：①围护结构气密性良好；②通风系统有完善的设计。通风的方式通常包括自然通风和机械通风，以及现在常用的新风节能技术。

近年来随着技术的更新发展，芬兰通风节能技术与其他综合技术相结合，达到节约能源、改善居住工作条件、减轻污染，促进经济可持续发展的目的。在通风领域中，自然通风也往往与机械通风结合形成更为有效的节能技术。

5.4.1 自然通风

自然通风有两点至关重要的意义：一是自然通风不需要动力，有利于减少能

---

① TVOC（Total Volatile Organic Compounds）是指室温下饱和蒸气压超过了133.32Pa的有机物，其沸点在50～250℃，在常温下可以蒸气的形式存在于空气中，它的毒性、刺激性、致癌性和特殊的气味性，会影响皮肤和黏膜，对人体产生急性损害。美国环境署（EPA）对TVOC的定义是：除了一氧化碳、二氧化碳、碳酸、金属碳化物、碳酸盐以及碳酸铵外，任何参与大气中光化学反应的含碳化合物。TVOC是三种影响室内空气品质的污染物中产生影响较为严重的一种。

耗，降低污染，符合可持续发展的思想；二是可以提供新鲜的自然空气，有利于人的生理和心理健康，满足人们与大自然交往的需求。建筑自然通风的优点是节能、省钱；缺点是风压动力小，受室外条件影响大。

建筑自然通风组织设计方法主要包括以下几个方面：建筑形体与空间设计、建筑平面与自然通风、建筑平面尽量设计为简单矩形。力求其长向的门窗朝向夏季主导风向，利于自然通风。平面进深在设计上一般不超过楼层净高的5倍；单侧通风的建筑，进深最好不超过净高的2.5倍。建筑平面为“凹”形或者“L”形时，应尽可能使其凹口部分面向夏季主导风向。设置内庭院也可以组织良好通风。

建筑自然通风技术主要包括通过利用热压实现自然通风、利用风压实现自然通风、利用热压与风压相结合实现自然通风、机械辅助式自然通风、双层围护结构通风。通常较多选择利用热压实现自然通风的节能方式，具体的有以下几种模式：太阳能墙、通风竖井（风道）、捕风塔（窗）、导风板、烟囱效应等。下文介绍采用热压通风和风压通风的方式实现自然通风。

1．热压通风

（1）热压通风原理

室内外空气温度存在差值时，由于室内外的空气密度不同，室内外空气的压力是不同的，这种因室内外空气压力不同而产生的压力差就称之为“热压”。利用热压形成的烟囱效应（或称为被动式拔风蒸发降温技术）是最为常用的一种被动式自然通风。在建筑物的底部，室外空气压强大于室内压强，随着高度的增加，室内外的压强差渐渐趋于零。在建筑物的顶部，室内空气压强大于室外空气压强。大约在高度一半的水平面上，室内外压强相等。这个室内外压强差等于零的平面称为“中和面”。中和面以下，室外空气压强大于室内空气压强，空气由室外进入室内；中和面以上，室内空气压强大于室外空气压强，气流由室内流到室外（图5-25）。

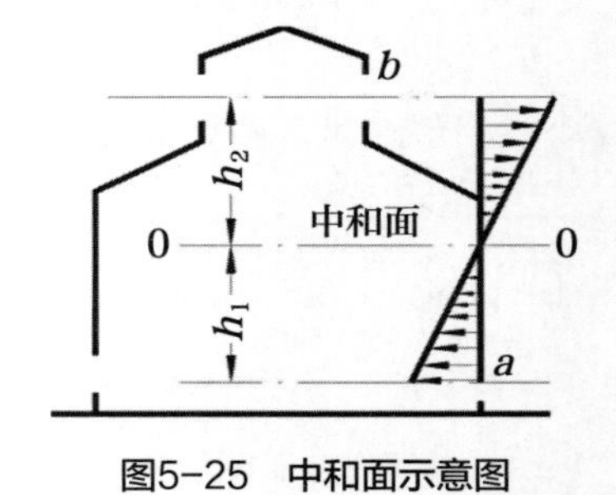

图5-25 中和面示意图

（2）**影响热压通风的主要因素**

大量数据模拟和实验证明，热压通风量的大小与太阳辐射强度、通道高度、宽度、进排风口宽度等因素密切相关。

①太阳辐射强度的影响。太阳辐射加热通道内空气，热空气因其密度小而上升，底部较冷而密度较大的空气不断补充，形成自然通风。太阳辐射作为热压通风的主要动力，其通风量随太阳辐射强度的增大而明显增大。

②通道高度的影响。根据“烟囱效应”原理，空气通道高度越高，热压通风的通风量越大。这是因为随着通道高度的增加，通道内外空气密度差和压力差增加，空气流速加快。

③通道宽度的影响。在通道高度确定的情况下，适当增加通道宽度可以减少气流阻力，增加空气通风量；空气通道宽度增加到较大值时，会在出口附近产生回流，扰乱自然通风。

④进排风口宽度的影响。对于太阳能烟囱来说，自然通风量的大小与进排风口的宽度密切相关，并且受烟囱的高度、通道宽度影响较大。进出口宽度的增加使得空气的进出口阻力减小，更多的空气进入到通道内部，另一方面新增加的空气又降低了太阳能烟囱内部的温度，拔风效果相对减弱，当此两者达到平衡时，通风量达到最大。

（3）**加强热压通风的方法**

根据上述烟囱效应的机理，若要加强热压通风的效果，就必须提高热压差，加快空气流动速度。加强热压通风通常采取以下几种措施。

①利用太阳能进行加温，制造局部高温区，造成室内“强迫温差”，从而加强自然通风。例如，特隆布墙和热通道玻璃幕墙都是在夏季利用玻璃的温室效应来制造局部高温，加强室内温度场的不平衡，提高热压差，促进通风。

②扩大气流出入口的相对高差来提高热压差，促进通风。研究表明，随着气流出入口高差的增加，太阳能烟囱的通风量明显提高。

③合理确定太阳能烟囱空气通道宽度与高度的比值。实验和数值模拟表明，存在一个可以获得最大的通风量的太阳能空气通道宽度和烟囱高度的最佳比值，

且烟囱的宽高比*B*/*H*约为1/10时，获得的通风量最大。

④增加辅助通风设施。当烟囱内空气流速达不到要求时，可以在建筑顶部的适当位置加设排风扇等辅助设施加强通风。

这几种措施在芬兰的节能技术中都有所应用。

（4）适合热压通风的建构模式

主要有通风屋顶、天井式共享空间、与楼梯间结合的竖向贯通空间、夹层空间和附设烟筒等方式。

①通风屋顶。结合相应的建筑构造，可以将带倾斜角度的屋顶设计成带空腔的双层构造，上层构造可设计成集热板。太阳辐射透过集热器的玻璃表面，加热了倾斜集热板，吸收的热量用于加热空腔内空气，使空腔内外空气产生密度差从而引起空气流动带走热量，进而降低建筑室内温度。集热板接受的太阳辐射越大，空腔内空气温度越高，热压作用越强。

芬兰地区多为坡屋顶建筑，通常涉及通风屋顶的做法。平顶上空架设木板坡顶，在干旱季节可以有效阻挡太阳的高强辐射，同时，架空之后形成一个通风屋顶。

②天井式共享空间。利用建筑场所类似天井式的共享空间（如中庭、竖井）的通风效应增加室内的通风能力。为了利于拔风，竖井式空间要求形体空间比应超过1：3，顶部应设通风窗或通风风塔。为了加强热压通风，竖井式共享空间可以设计成下宽上窄的形式。竖井式共享空间可以位于建筑中部，也可以位于建筑南侧。

③与楼梯间结合的竖向贯通空间。建筑中的楼梯间往往自然形成垂直的竖向空间，如果能结合楼梯间顶部的构造处理措施，则比较容易设计成利于通风的烟囱。

例如，维基生态社区位于芬兰首都赫尔辛基东北部，从规划时就考虑了多项太阳能通风技术的综合运用。新区的卡托卡塔诺居住区的住宅设计中，设计师们考虑了集合住宅楼梯间的综合应用。他们将楼梯间设计为一个贯通玻璃体，在其顶部设置了通风窗及太阳能集热板，借助烟囱效应，这种楼梯间形成被动式通风竖井，拔出建筑内的热空气（图5–26）。

图5-26　卡托卡塔诺居住区中的绿色住宅

④夹层空间。利用夹层形成的空腔，设置不同的洞口，在热压的作用下，夹层空间内的空气迅速流动带走多余热量，从而达到降温节能的目的。夹层空间设计的重点是合理确定夹层空间的宽度与高度。双墙夹层形成风道是建筑通风最常用的做法。这种做法要求双墙间的距离不小于600mm。

2．风压通风

（1）风压通风原理

风作用在建筑物上会产生压力差。当风吹到建筑物上时，在迎风面上，由于空气流动受阻，速度减小，风的部分动能变成静压，建筑物迎风面的压力大于大气压力，形成正压区；而在背风面、屋顶和两侧，由于在气流扰流过程中，形成空气稀薄现象，因此，这些部位的压力将小于大气压力，形成负压区。通过开窗等方式让自然气流从正压区流向室内，再从室内流向负压区，形成室内外的空气交换。

另外，我国住宅多采用的缝隙通风（或空气渗透）的方式，因其无法控制，会形成令人不适的气流。这种方式在芬兰住宅建筑中已不再采用，芬兰的新建建筑采用“被动屋”的技术，形成保温效果很好的建筑中空气的流动（图5-27）。

（2）影响建筑风压通风的因素

1）建筑物间距

建筑物南北向日照间距较小时，前排建筑遮挡后排建筑，风压小，通风效果差；反之，建筑日照间距较大时，后排建筑的风压较强，自然通风效果较好。所以，在住宅组团设计中，加大部分住宅楼的间距，形成组团绿地，对改善绿地下风侧住宅的自然通风有较好的效果，同时，还能为人们提供良好的休息和交流的场所。

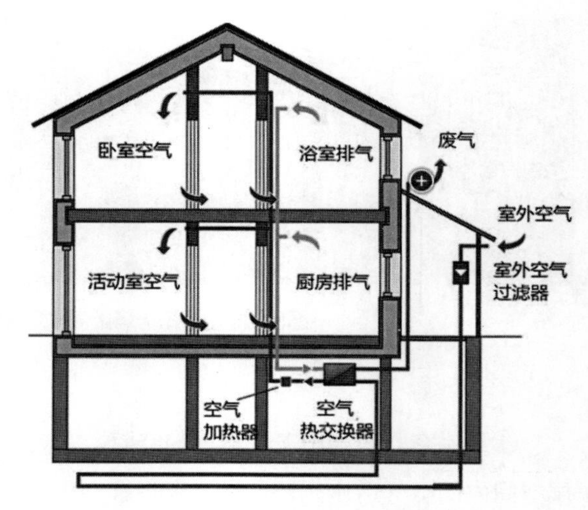

图5-27 "被动屋"技术示意图

2）建筑物立面开窗

建筑物立面开窗的大小、形式对于风压通风的影响较大。不同地区地理位置不同，当地气候不同，其开窗的大小、形式差别较大。当地年主导风向影响建筑物的设计，基本采用南北形成穿堂风的形式。

3）改善风压通风的方式

①风压与热压相结合的方式。在建筑的自然通风设计中，风压通风与热压通风往往是互为补充、密不可分的。一般来说，在建筑进深较小的部位多利用风压来直接通风；而进深较大的部位则多利用热压来达到通风效果。热压作用与进、出风口的高差和室内外的温差有关，室内外温差和进、出风口的高差越大，则热压作用越明显。在建筑设计中，可利用建筑物内部贯穿多层的竖向空腔改善通风。

②辅助机械通风的方式。在实际项目中，开发商追求利益最大化，往往要求设计容积率达到最高值，导致平面的设计对于实际的通风十分不利，尤其在夏季矛盾更为突出。夏季室内积聚的热量难以散失，更多地采用人工通风或者空调来降温，大大增加了建筑物使用的能耗。大面积玻璃的立面处理增大了采光面积，但是开窗面积较小，对于风压通风不利。这在建筑设计中应引起重视。

总之，建筑物通风给人们提供新鲜的空气，降低夏季室内温度，减少空调病的发病率。自然通风在节能与健康方面，有积极的意义，可以改善室内的空气质量。在规划和建筑设计中，不同的建筑形式和组合会产生不同的通风效果，应通过合理布局实现室内空间组合，促进自然风在室内外的流通，达到最佳的效果。

5.4.2 机械通风

机械通风主要是以风机作为通风的动力，风机的高速旋转产生的风压强迫室内的空气流动，以达到通风的目的。机械通风主要由风机动力系统、空气处理系统（对空气的过滤、吸附、除尘、加热等）、空气输送及排放风道系统，各种控制阀、风口、风帽等组成。机械通风可根据有害物质分布的状况分为局部通风和全面通风。局部通风包括局部排风、局部送风、局部送排风系统。全面通风包括全面送风、全面排风、全面送排风系统。机械通风依靠通风机造成的压力差，通过通风管网来输送空气。

与自然通风比较，机械通风具有下列优点：①进入室内的空气，可预先进行处理（加热、冷却、干燥、加湿），使其温湿度符合卫生要求；②排出空间的空气，可进行粉尘或有害气体的净化，回收贵重原料，且减少污染；③可将新鲜空气按工艺布置特点分送到各个特定地点，并可按需要分配空气量，还可将废气从工作地点直接排出室外。但机械通风所需设备和维修费用较大，因此必须在尽量利用自然通风的基础上采用机械通风，而且首先应考虑采用局部机械通风。

5.4.3 新风节能技术

建筑节能的前提首先是保温隔热，做好保温隔热往往会增加建筑的气密性。这样，为维护室内空气环境，就需要补充新风。因此，建筑围护保温与新风系统常会同时考虑。

新风在室内的通风效率直接影响真正发挥作用的新风量多少，在有效新风量需求相同的条件下，通风效率高的室内所需新风少。新风在室内的流通路径对通风效率的影响最大，通过合理组织新风的气流流通路径使尽可能多的新风真正发挥作用并充分发挥作用，可以有效降低室内所需的新风量。

芬兰建筑新风技术通常注意以下三个方面：

①新风路径：新风通常从室外进入，由走廊及卫生间排出。

②新风风量：确定室内最小排风量，以满足人们日常生活需要的新风量。

③新风时间：必须保证新风的连续性，持续不断地通风。

1．建筑设计中新风的引入

向建筑内引入新风对改善室内空气品质有积极作用。芬兰近些年对新风作用及新风量的研究历程主要涉及两个方面：一是消除异味和污染物，保证人的健康舒适；二是尽可能地减少疾病传播。

从目前的研究来看，建筑新风控制的污染源已从人员污染扩展到建筑装饰材料、建筑设备等建筑污染，污染物控制要求从颗粒物污染控制、化学污染控制扩展到分子污染（气味）控制，控制目的也从满足人的生理、健康需求扩展到满足人的部分舒适需求。概括起来，芬兰向建筑室内引入新风的作用主要有：提供室内人员呼吸代谢所需要的空气；稀释室内污染物，减少各种室内疾病的发生与传播；控制室内异味，提高室内空气品质的可接受度；创造优异的空气环境，提高人员的工作效率；调节室内温湿度；营造室内气流环境等。

2．新风节能技术的原理及应用

新风节能系统的基本工作原理是：利用温湿度传感器探测室外的空气温度情况，当温度低于某个设定值时，开启进风单元的新风风门，将室外冷空气吸入室内。冷空气与室内热空气进行热交换，使室内温度得以下降；同时，维持室内一定的正压，开启排风单元的排风风门，依靠正压或风机排除室内的热空气；室外的冷空气被吸入时，经过过滤装置的处理。

芬兰建筑通风系统节能主要体现在新风入室与室内空气排放过程中热量交换

及热回收技术。新风集成系统是向密闭的室内提供新鲜、健康的空气的系统，在送风的同时对进入室内的空气进行过滤、灭毒、杀菌、增氧。新风在进入室内前还会通过埋地管道，利用土壤热源进行预热（冬天）或预冷（夏天）。排风经过主机时与新风进行热回收交换，回收大部分能量通过新风送回室内，保证进入室内的空气是洁净的，以此达到通过室内空气净化环境的目的（图5–28）。

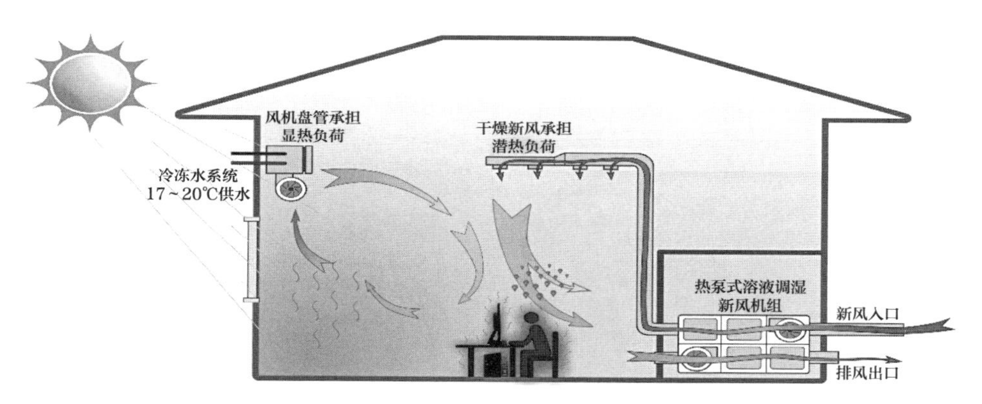

图5–28　新风系统工作原理图

5.5 智能管理

5.5.1 能耗监测

能耗监测技术对于准确了解建筑节能的关键环节具有重要意义，也为分析影响建筑能耗的因素提供了相对准确的依据。瑞典西约塔兰省的阿灵索斯（Alingsås）建筑节能改造项目，使用Tiny-Tag测量装置对气密性和总能耗进行了长期监测，用以对比改造前后的能耗状况（图5–29）。气密性测量中同时采用了红外摄像机作为补充手段来

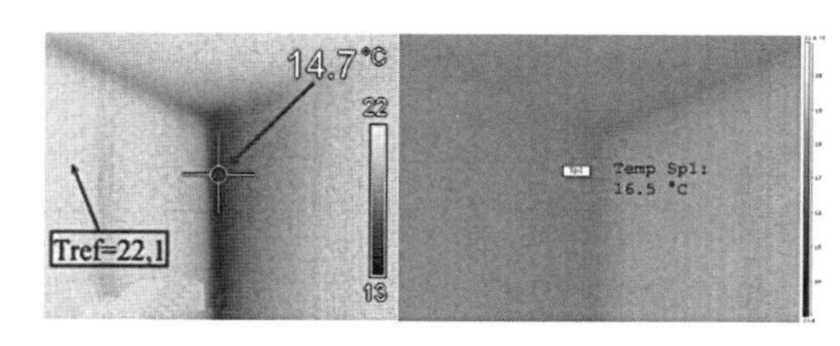

图5–29　瑞典Alingsås改造项目前（左）后（右）气密性监测结果

检测漏风。测量采用欧洲标准EN 13829（SIS，2000a），得到了在±50Pa（朝向室外的漏风面积）下给出0.2L/（s·m²）的平均值，与翻新前的测量结果相比有了较大改善［翻新前高达2L/（s·m²）］。

在总能耗方面，使用Tiny-Tag测量装置监测供暖能耗、降温能耗等，最终获得建筑总能耗（图5–30）。监测结果表明，与改造前相比，包括空间供暖、家庭热水、家庭用电在内的总能耗减少了60%；能源使用的主要部分是空间供暖，第二大能源项目是公共区域的电力能耗。通过以上能耗监测手段，能够较为客观地反映建筑节能效率。

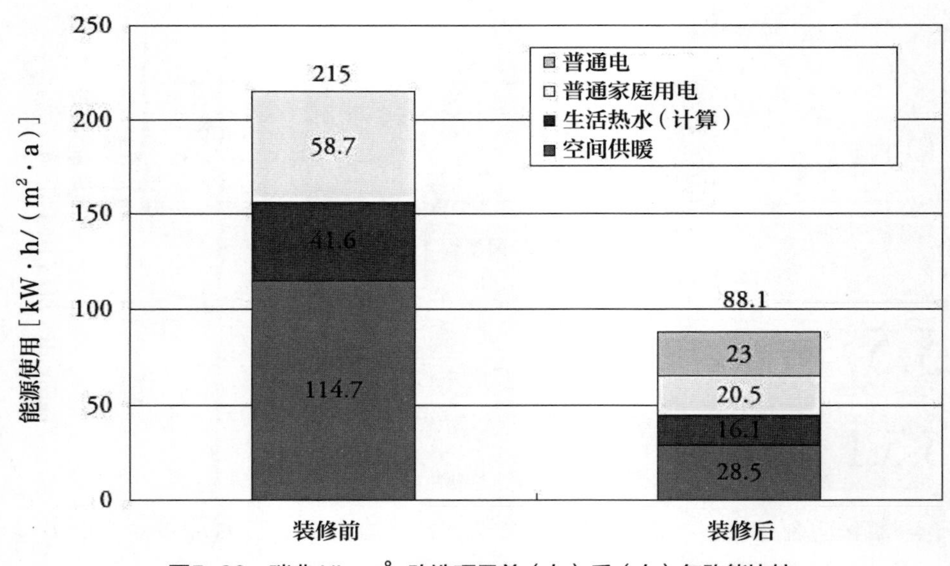

图5–30　瑞典Alingsås改造项目前（左）后（右）年购能比较

1. 能耗监测设备与技术

建筑能耗计量系统主要由现场设备层、网络通信层、站控管理层三部分组成。其中，现场设备层由各种能耗计量装置所组成，实现各种能耗数据的采集；网络通信层是指实现建筑现场能耗计量装置与后方站控管理层数据通信的网络；站控管理层主要完成能耗数据的动态监测及分析处理工作。

（1）现场设备层

现场设备层是完成能耗计量工作的第一步，计量方案设计、安装施工等均在这一环节实现。建筑物内部设备系统比较复杂，最典型的比如配电系统，在实际使用中往往还混入了其他的用电设备。因此，合理选择计量支路对保证分项计量数据的正确起到至关重要的作用，所以现场设备层的设计实施必须有明确的步骤和流程，其步骤及流程如图5-31所示。

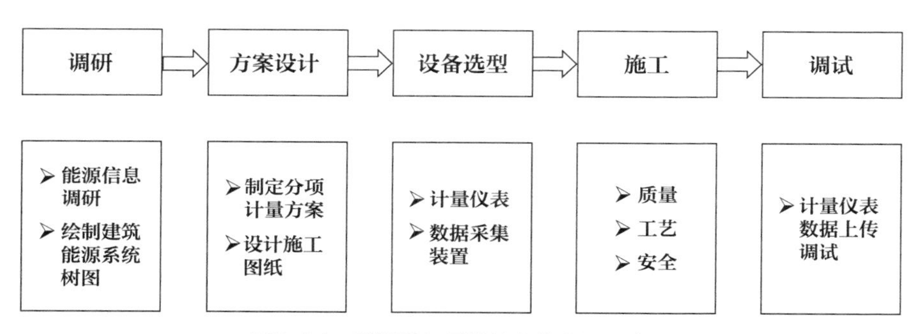

图5-31　现场设备层设计实施步骤及流程

现场设备层是数据采集终端，主要由智能仪表等能耗计量装置组成。各种能耗计量装置用来度量各种分类、分项能耗，包括电能表、水表、燃气表、热（冷）量表等。能耗计量装置具有数据远传功能，通过现场总线与数据采集器连接，可以采用多种通信协议，将建筑能耗数据送入站场管理层系统数据库中存储。用户可以通过图形组态的方式来浏览能耗数据，站场管理层系统的通信接口可以将能耗数据按照国家机关办公建筑及大型公共建筑分项能耗数据传输技术导则远传至上层的数据中转站或省部级数据中心。测量仪表担负着最基层的数据采集任务，其监测的能耗数据，包括建筑分项能耗数据和分类能耗数据，必须完整准确并实时传送至数据中心。能耗数据的采集还包括人工能耗数据的输入，以人工方式输入的能耗数据主要包括建筑基本情况数据和建筑消耗的煤、液化石油气和人工煤气等不能通过自动方式采集的能耗数据。

建筑能耗计量系统的所有分析评价和优化功能都建立在正确、准确、及时地获取现场能耗数据的基础上，因此能耗数据采集装置就必须采集建筑内各种能源的消耗信息以及影响能源消耗的建筑环境等多种信息。现场设备层数据采集对整个系统来说是非常重要的。

（2）网络通信层

建筑能耗计量系统的传输网络包括两部分：①计量装置与数据采集器之间的传输；②数据采集器与管理层数据中心的传输。其中前者在现场设备层中实现，这里提及的网络通信层是指后者。网络通信层是数据信息交换的桥梁，负责对现场设备回送的数据信息进行采集分类和传送等工作，同时传达上位机对现场设备的各种控制命令。数据采集器与管理层数据中心之间的数据传输，首先需要通过通信网关完成总线接口到Internet网络之间数据转换，然后使用基于TCP/IP协议承载的有线或者无线网络进行数据传输。网络通信层使用TCP/IP协议，以保证数据得到有效的管理和支持高效率的查询服务，同时数据传输采取一定的编码规则，实现数据组织、存储及交换的一致性。为保证数据的稳定性和可靠性，数据的传输必须经由认证、加密、授权、解析、续传、报警等过程。

网络通信层主要是由通信服务器、以太网设备及总线网络组成。通信服务器是整个系统的智能通信管理中心，在这里它同时具备了通信控制器和前置机等的功能。以太网设备主要指工业级以太网交换机。总线网络主要由屏蔽双绞线、光纤或者无线通信网络等构成。

（3）站控管理层

站控管理层处于建筑能耗计量系统的最上层，它具有良好的人机交互界面，是整个建筑能耗计量系统的核心部分，整个建筑能耗分析与节能诊断工作都在这里进行。站控管理层对采集上来的建筑能耗数据进行处理分析，并以图形、数显或声音等方式对外发布和展示。站控管理层主要由能耗系统软件和必要的硬件设备组成。硬件设备包括由工业级计算机构成的能耗监控主机、模拟屏、打印机和UPS电源等。能耗监控主机可对整个系统进行管理和维护，它可以处理和分析建筑能耗数据，对外提供数据接口并负责能耗数据的转发工作。能耗监控主机系统包含数据服务器和Web服务器。

建筑能耗监控管理系统能够在管理层的监控中心实时显示整个建筑各部位的水、电和燃气等的接线图、设备状态、电气测量参数、能源消耗情况和异常告警信号等，管理工作人员可根据不同的权限方便地进行远程控制操作、定值参数查询修改、历史数据查询、事件报警记录查询和报表统计管理等工作。通过对采集数据的统计分析，判断能源使用效率，预测未来能源消耗趋势，就楼宇的能源使用与管理给出合理的评价和建议，对能耗设备实施合理的反馈控制。建筑能耗监控管理系统的主要作用包括数据采集、实时监控、异常报警、能耗统计查询，实现能耗分析与预测。通过采用数据融合、数据挖掘及远程动态图表生成等技术，实时地从采集到的数据库中提取数据，形成数据综合分析。通过对海量能耗数据的综合处理与运算，形成各类统计学表格。通过能耗预测软件，建立合适的预测模型，分析预测建筑未来能耗趋势。从而实现对建筑能耗指标的合理评价与对能耗走势的科学预测。通过同类建筑之间的能耗指标对比，分析建筑的用能状况，发掘建筑节能潜力，为科学规划建筑用能提供有效依据。

2．能耗监测对节能的贡献

能源已是当今世界经济发展中受到广泛关注的一个问题，世界各国都在积极制定适于自己发展的能源开发计划。人们一方面在不断寻求新的能源，另一方面也在采取各种措施节约能源和研究二次能源的再利用。我国能源面临着巨大的压力，中国已有的约430亿m^2的建筑中，只有4%采取了能源效率管理措施。因此研究智能建筑中能耗计量系统的优化设计，从全局的角度对建筑物的能耗进行评价，指导能量的调度分配搞好能源管理，提高能源使用效率充分利用新能源，实现城市建设的可持续发展，对我国经济和社会的长期可持续发展具有重要的战略意义。

建筑能耗计量系统可实现能源消耗数据的采集处理和使用，用科学准确的计量数据指导能源管理工作，达到节能降耗的目的。建筑能耗计量系统还可以为建筑节能诊断工作和建筑节能改造项目提供准确可靠的数据信息。科学的建筑能源管理可以帮助建筑业主在满足大楼安全舒适的基础上，合理计划和利用能源降低建筑能源消耗，提高经济效益。通过能源计划、能源统计、能源消费分析、重点能耗设备管理、计量设备管理等多种手段，使建筑业主准确地掌握大楼的能源成本比例、发展趋势，并将能源消费计划任务分配到各个部门，使节能工作责任明确，以实现健康稳定发展。能耗计量系统使用户能够观察能源使用情况，分析各项能源数据，从而制定合理的能源使用策略，以降低总能源消耗，并减少能源费用。

5.5.2 智能化控制

1. 智能化控制概述

智能建筑起源于20世纪80年代初期的美国，智能建筑是建筑史上一个重要的里程碑，它使人类的工作环境和生活质量出现了前所未有的质的飞跃。“智能”一词在20世纪70年代末期已开始使用，但广泛使用却是在1984年1月，美国康涅狄格州的哈特福特市（Hartford）建立了世界第一幢智能大厦，大厦配有语言通信、文字处理、电子邮件、市场行情信息、科学计算和情报资料检索等服务，实现自动化综合管理，大楼内的空调、电梯、供水、防盗、防火及供配电系统等都通过计算机系统进行有效的控制。

自20世纪80年代起，由于美国的信息技术发展得相对较快，加上美国较早地开放了信息技术市场，允许房地产开发商和业主经营智能建筑内的电话通信系统，因此美国一直处于智能建筑建设的领先地位。美国诞生智能建筑之后，西欧与日本也不甘落后。日本派出专家到美国进行详尽考察，并且制定了从智能设备、智能家庭到智能建筑、智能城市的发展计划，成立了“建设省国家智能建筑专家委员会”和“日本智能建筑研究会”。1985年8月，东京青山建成了日本第一座智能大厦“本田青山大厦”。

西欧智能建筑的发展基本与日本同步。1986—1989年间，伦敦的中心商务区进行了二战之后最大规模的改造。由于英国是大西洋两岸的交汇点，因此大批金融企业特别是保险业纷纷在伦敦设立机构，增加了智能化办公楼的需求。法、德等国也相继在20世纪80年代末和20世纪90年代初建成各有特色的智能建筑。西欧的智能化大楼建筑中，伦敦占了建筑面积的12%，巴黎占10%，法兰克福和马德里各占5%。但由于智能化办公楼使得工作效率提高，使当时处于经济衰退中的西欧的失业状况更加严重，因而许多国家对智能楼宇的需求下降。到1992年，伦敦就有110万m^2的办公楼空置。

此外，20世纪80年代到20世纪90年代，亚太地区经济的活跃，使新加坡、汉城（现首尔）、雅加达、吉隆坡和曼谷等地陆续建起一批高标准的智能化大楼。如新加坡投巨资进行研究，计划将新加坡建成“智能城市花园”。韩国准备将其半岛建成“智能半岛”。而泰国的智能化大楼普及率领先世界，20世纪80年代泰国新建的大楼中60%为智能化大楼。印度于1995年下半年起在加尔各答附近的盐湖建立了一个方圆16万m^2的亚洲第一智能城，整个项目由两幢22层的联体式建筑组成，称为“无穷大智能中心”，另有1200套命名为“智能屋”的居民住房，每套住房都有一个全球性的网络终端，其宗旨是“只需按一下按键就可得到世界级的支持系统”。

在我国，智能建筑一般被定义为：以建筑为平台，兼备建筑设备、办公自动化及通信网络系统，集结构、系统、服务、管理及它们之间的最优化组合于一体，向人们提供一个安全、高效、舒适和便利环境的建筑。我国智能建筑专家、清华大学张瑞武教授在1997年6月厦门市建委主办的“首届智能建筑研讨会”上，提出了以下比较完整的定义：智能建筑是指利用系统集成方法，将智能型计算机技术、通信技术、控制技术、多媒体技术和现代建筑艺术有机结合，通过对设备的自动监控，对信息资源的管理，对使用者的信息服务及其建筑环境的优化组合，所获得的投资合理，适合信息技术需要并且具有安全、高效、舒适、便利和灵活特点的现代化建筑物。这是目前我国智能化研究理论界所公认的最权威的定义。

智能建筑系统的组成按其基本功能可分为三大部分：楼宇自动化系统（BAS，Building Automation System）、办公自动化系统（OAS，Office Automation System）

和通信自动化系统（CAS，Communication Automation System），即“3A”系统。建筑智能化的基本功能是为人们提供一个安全、高效、舒适及便利的建筑空间。从用户服务角度看，建筑智能化可提供三大服务领域，即安全性、舒适性和便利/高效性，建筑智能化可以满足人们在社会信息化发展的新形势下对建筑物提出的更高的功能要求。

2．智能化控制设备与技术

智能建筑不是多种带有智能特征的系统产品的简单堆积或集合。智能建筑的核心（SIC，System Integrated Center）是系统集成。SIC借助综合布线系统实现对BAS、OAS和CAS 的有机整合，以一体化集成的方式实现对信息、资源和管理服务的共享。综合布线系统（PDS，Premises Distribution System；或者GCS，Generic Cabling System）可形成标准化的强电和弱电接口，把BAS、OAS、CAS与SIC连接起来。这里，GCS更偏重于弱电布线。所以，SIC是“大脑”，PDS或GCS是“血管和神经”，BAS、OAS、CAS所属的各子系统是运行实体的功能模块。

（1）**综合布线系统**（PDS**或**GCS）

综合布线系统的组成包括工作区子系统、水平干线子系统、管理区子系统、垂直干线子系统、设备间子系统和建筑群子系统。

从布线来说，综合布线又可简化为建筑群主干布线子系统、建筑物主干布线子系统和水平布线子系统三个子系统。

综合布线系统的特性包括兼容性、开放性、灵活性、可靠性、经济性和先进性。

（2）**建筑设备自动控制系统**（BAS）

建筑设备自动控制系统（BAS）包括以下内容。

①电力系统。确保电力系统安全、可靠的供电是智能建筑正常运行的先决条件。除继电保护与备用电源自动投入等功能要求外，必须具备对开关和变压器的状态，系统的电流、电压、有功功率与无功功率等参数的自动监测，进而实现全面的能量管理。

②照明系统。智能照明控制在保证照明使用的基础上，重点是解决照明系统的节能性。在应用中通过声控和照明区域亮度的感应实现人走灯熄，并结合运用程序设定开/关灯时间，利用钥匙开关、红外线、超声波及微波等测量方法，达到照明节能的效果。

③空调与冷热源系统。尽量降低空调系统的能耗，主要节能控制措施有以下几种：设备的最佳启/停控制、空调及制冷机的节能优化控制、设备运行周期控制，以及蓄冷系统最佳控制等。

④环境监测与给水排水系统。监测空气的洁净与卫生度，采取排风与消毒等措施。

⑤电梯系统。电梯系统利用计算机实现群控，以达到优化传送、控制平均设备使用率与节约能源运行管理等目的。电梯楼层的状况、电源状态、供电电压及系统功率因数等亦需监测，并可联网实现优化管理。

⑥火灾自动报警系统（FAS）。FAS能够及时报警和输出联动控制信号，是早期报警的有力手段，特别是在高层建筑物和人员密集的公共场所。FAS由火灾探测器、火灾报警控制器、火灾报警装置及火灾信号传输线路等组成。

⑦智能建筑安防系统（SAS）。楼宇中设立安防系统，在具有OAS的智能建筑内，不仅要对外部人员进行防范，而且要对内部人员加强管理。对于重要地点、物品还需要特殊的保护。智能建筑安防系统具有防范、报警、监视与记录、系统自检和防破坏的功能。

（3）通信自动化系统（CAS）

智能建筑通信网络系统是保证建筑物内的语音、数据及图像传输的基础，它同时与外部通信网络，如公共电话网、数据通信网、计算机网络、卫星通信网及广电网等相连，与世界各地互通信息，提供建筑物内外的有效信息服务。智能化建筑通信网络系统的组成与功能比较复杂，归纳起来一般包括以下12个方面：程控电话系统、广播电视卫星系统、有线电视系统（CATV）、视频会议系统、公共/紧急广播系统、VSAT卫星通信系统、同声传译系统、接入网、计算机信息网络、计算机控制网络，以及移动通信中继系统。

（4）办公自动化系统（OAS）

办公自动化系统分为通用办公自动化系统和专用办公自动化系统。其中通用办公自动化系统具有以下功能：建筑物的物业管理营运信息、电子账务、电子邮件、信息发布、信息检索、导引、电子会议以及文字处理、文档等的管理。专业型办公建筑的办公自动化系统除了具有上述功能外，还应按其特定的业务需求，建立专用办公自动化系统。

专用办公自动化系统是针对各个用户不同的办公业务需求而开发的，如证券交易系统、银行业务系统、商场POS系统、ERP制造企业资源管理系统及政府公文流转系统等。

（5）建筑智能化系统的集成（SIC）

建筑智能化系统的集成，是将智能建筑内不同功能的智能化系统在物理上、逻辑上和功能上连接在一起，以实现信息综合、资源共享和设备的互操作。

智能建筑系统集成的目标：①对各设备子系统实行统一的监控；②实现跨子系统的联动，提高各子系统的协调能力；③实现子系统之间的数据综合与信息共享；④建立集成管理系统，提高管理效率和质量，降低系统运行及维护成本。

系统集成的内容：从用户角度看，智能建筑的系统集成是功能集成和界面集成；从技术角度看，是网络集成和数据库的集成。

3．智能化控制的优势

从当前世界各国的智能建筑发展现状来看，智能建筑在实际应用中表现出非常良好的节能特点。除此之外，智能建筑的安全性、便利性以及舒适性也都是非常突出的特点。具体来讲，建筑智能化的优势主要体现在：实现高精度的建筑室内温湿度调节；实现机电设备的节能调控；通过自动控制系统实现安全管理；智能集成化、通信自动化等。

智能建筑是智能化技术与传统建筑技术结合的产物，它不断吸取当代最先进的科学技术成果，不断提高建筑物的自动化和智能化水平，越来越能够满足人类对建筑物的使用需求。它的不断发展将为传统建筑带来一场革命。它将极大地改变传统建筑、结构、装饰、安装等工程的形态。

智能建筑是智能建筑技术和新兴信息技术相结合的产物，是科学技术、社会经济、信息通信发展的必然；在现代信息社会，建筑物不仅仅是遮风避雨的场所，更是人、信息和工作环境的智慧结合，是建立在建筑设计、行为科学、信息科学、环境科学、社会工程学、系统工程学、人类工程学等各类理论学科之上的交叉应用，智能建筑将成为未来建筑的标志。

瑞典哥德堡Hans-Olof房屋项目通过主配电盘可以对房屋内所有开关和主插头进行控制、计量和编程。整个房子采用满足KNX标准（KNX是被正式批准的住宅和楼宇控制领域的开放式国际标准）的产品，构建了智能集成建筑控制系统。发生故障时，系统将切换到备用逆变器系统中。房屋中总共有7个配电盘，安装了67个永久性的能源监测器来记录所有用电量。房屋总共有14个卡姆鲁普公司（Kamstrup）生产的能量监测器，用来记录房屋水和供暖系统的数据。此外，还记录了来自气象站的10个不同参数。Hans-Olof房屋项目中积累了所有这些数据，用于能源预测和能源设计过程中模拟能源流动和消耗方式（图5–32）。

图5–32　瑞典哥德堡Hans-Olof项目电力智能控制系统

5.5.3 芬兰建筑智能化管理

1．智能建筑控制

芬兰在BIM、节能建筑、节能住宅和家庭自动化、智能工作场所和室内空气质量等领域处于全球领先的地位。在芬兰，除了通过建筑围护结构减少能量的需求外，提高建筑紧凑的程度、以高效和环境友好的方式利用可再生能源，是打造一个非常低能耗建筑的主要原则。此外，建筑系统智能控制也是打造低能耗建筑必不可少的一部分（图5-33）。

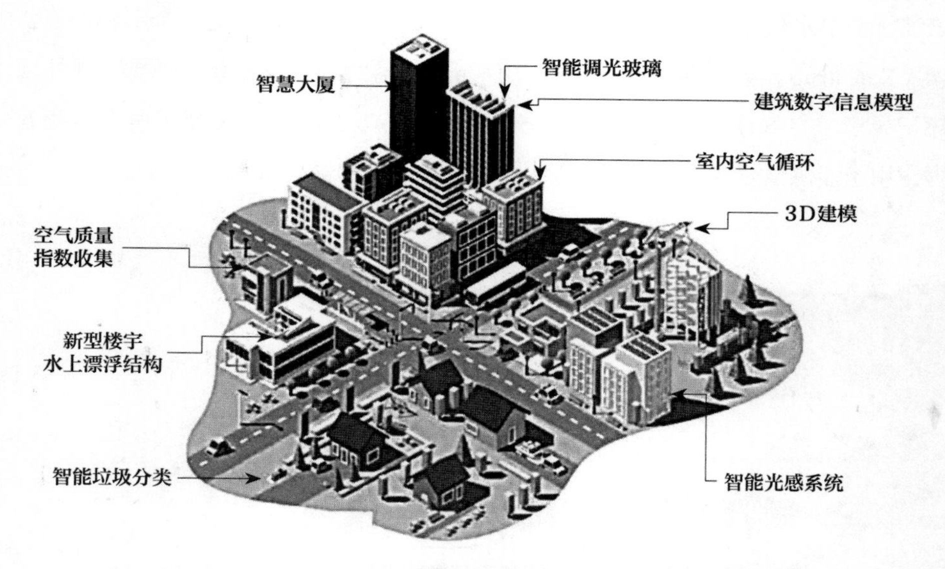

图5-33 芬兰智慧建筑与数字城市系统

一个简单的楼宇控制系统是利用单室温度控制器来供热的，如地板加热或散热器，该方法可以通过控制进入每个房间的热量来控制供热，从而使得较低的室内温度变得更加温暖。当然也有更先进的室内温度管理系统，如市场上有一种knx2交流接触器产品，它们具备交叉控制所有房间能源供应的功能。其优点是所有的建筑、家电和电都是相互联通的，便于管理，但缺点是该产品目前的价格较为昂贵。

使用超低能源的住宅建筑控制系统是非常有必要的，这些系统能够有效控制低能耗住宅建筑的空间加热总量。如果建筑围护结构是绝缘和密封的，那么就能更大程度地减少热量浪费，并保证热舒适性。该系统可以显示室内空间的温度、加热能源使用情况、家用电器用电量及总用电量等信息，从而让使用者准确了解建筑能源使用是否按照预期运行。

2．医疗建筑的智能能源效率控制

欧洲社会对当地居民的健康状况的关注以及对环境可持续发展的重视，决定了节能被放在了政治议程最主要的位置上。过去，欧洲节能减排的重点一直在学校和办公建筑方面，近年来，医院建筑也开始注重节能减排。医疗建筑的节能减排，需要解决两个关键技术问题，一个是照明，另一个是供热、通风和空气调节（Heating，Ventilation and Air Conditioning，HVAC）。在此基础上，增加信息与通信技术（Information and Communications Technology，ICT），将在一个复杂的医院环境的节能减排中发挥重要作用。

第6章

北欧绿色建筑案例

6.1 中国驻芬兰大使馆经济商务参赞处改造项目

6.1.1 项目概况

芬兰在建筑领域普遍重视绿色技术的应用，从国家层面制定了节能减排的目标计划，从建设方面来看，普遍采用预制装配式建设模式，尽量减少对环境的破坏和影响。

图6-1　中国驻芬兰大使馆经济参赞处办公楼

中国驻芬兰大使馆经济商务参赞处办公楼位于Vahaniityntie区，建筑面积3000m^2。改造项目的设计、施工都由芬兰的Bory公司承接，主要对建筑外立面、新风系统、门窗、供暖系统等进行了升级改造，提升了建筑的舒适度，降低了建筑使用能耗，改造总花费为252万欧元（图6–1）。

6.1.2 改造项目主要绿色技术

1．空气净化新风系统

新风空调负荷占空调总负荷的很大比例，新风系统的节能技术受到普遍关注。改造项目新加装了一套新风系统和空气净化系统，设备占用了一层的两间办公室，使整个建筑实现经过过滤的新风送风和回风（图6–2）。这种技术目前普遍应用于芬兰的小型办公建筑和别墅建筑。通过检测室内的二氧化碳浓度自动控制新风的送风量，在室内通过新风送风口送风方式的设计，让室内的人体不会明

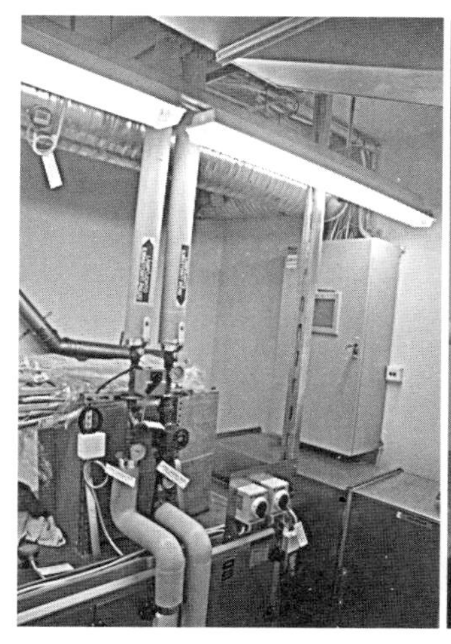
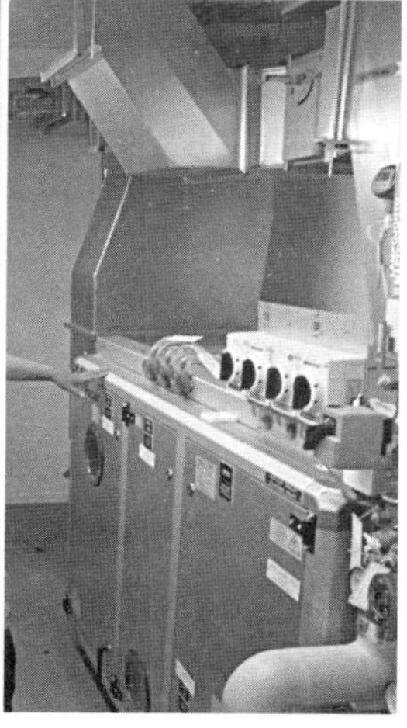

图6-2　改造项目新加的室内空气控制系统

图6-3　改造项目的双层门窗（遮阳百叶一体可控）

显感觉到出风口送风。全部系统采用智能化可视控制系统，通过屏幕可以查看整个建筑的管网运行情况和室内外空气质量、温度等数据。

2．门窗

该建筑的门窗都采用高密闭性系统，可开启扇不多，因为北欧绿色建筑的一个主要理念就是提升建筑密闭性，配合外保温材料减少建筑的能源损耗。室内空气的更换和净化全部通过新风系统解决。北欧建筑的窗普遍采用两层或三层中空玻璃，大多结合百叶等遮阳设备实现一体化设计。百叶的遮阳角度可以通过人工或智能控制调节（图6–3）。

3．外保温

对于暖通空调系统而言，通过围护结构的空调负荷占有很大比例，而围护结构的保温性能决定围护结构综合传热系数的大小，即决定通过围护结构的空调负荷的大小。项目外墙采用了高密闭性的保温材料，外墙墙板中预留了通往室外的通气孔，给墙体构造通风（图6–4）。

图6-4 改造项目外墙处理

4．供暖系统

芬兰建筑的供暖全部采用集中供暖系统，由区域热力中心为各单体建筑供暖，并且由于特殊的气候特征，芬兰全年供暖。但是每户都装有可调节式的供热调节终端，便于节能控制和费用计量，散热器还是采用传统的散热片式的散热器，安装在窗下等位置。

6.2 赫尔辛基环境署办公楼

图6–5所示的赫尔辛基环境署办公楼坐落在维基生态社区中，是一个绿色低碳示范项目。项目运用了太阳能光伏、热压通风等技术。建筑一层专门设置了展示大厅，展示整个维基实验区的规划设计理念及应用技术，并且通过智能能源控制系统展示本建筑的节能运行情况。

图6-5 赫尔辛基环境署办公楼

6.2.1 太阳能光伏幕墙技术

室内的热负荷来自两方面，一是由室内外温差引起的热量交换，另一方面是室内照明和设备产生的热负荷。因此，可以采取遮阳、气密、绝热等措施，减少室内的热负荷达到节能。

赫尔辛基环境署办公楼太阳能光伏幕墙结合了遮阳板设计，在顶部配以通风装置，利用被动式原理形成了自然通风幕墙（图6–6）。

图6–6　太阳能光伏技术通风幕墙应用

6.2.2 智能化能源监测展示

可视化的能源控制系统实时监测展示室内外的温度、太阳能等节能系统的运行情况。同时，通过智能控制系统提高空调的控制水平，及时合理调整室内的热湿参数，从而降低空调运行的能耗，达到节能的目的。图6–7所示为赫尔辛基环境署办公楼建筑能耗监测及展示系统。

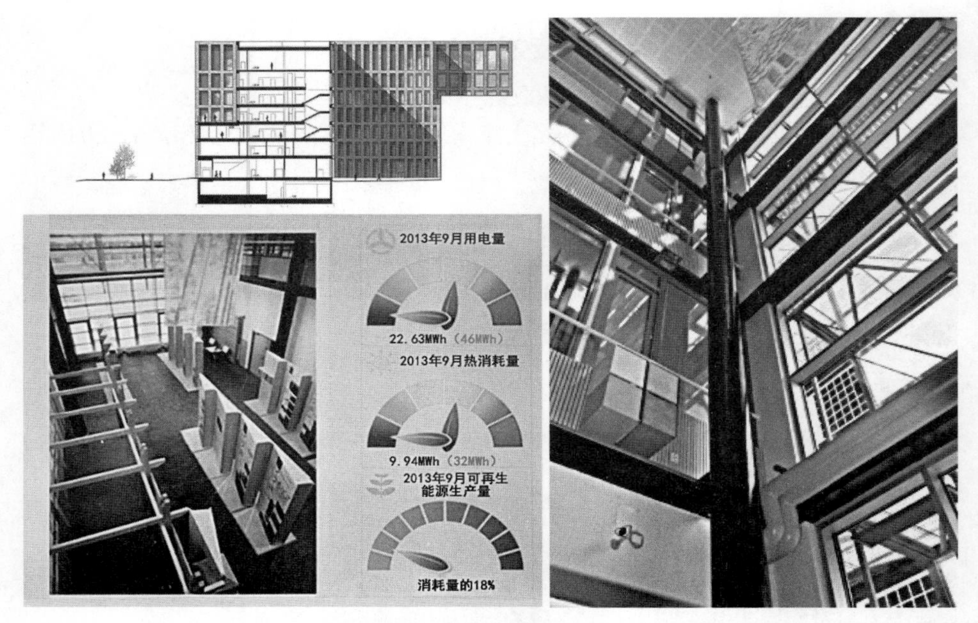

图6-7 赫尔辛基环境署办公楼建筑能耗监测及展示系统

6.3 哥德堡Kuggen生态办公楼

6.3.1 建筑设计

Kuggen生态办公楼坐落于城镇广场中心。这座与众不同的圆柱形建筑将成为社区中正式或非正式社交活动的中心，下面的楼层将用于社交活动的集会，上面的楼层用于办公，相邻建筑之间的连桥将作为展览场地。该建筑以最小的裸露外墙表面获得了最大的使用面积，每层楼都比下面一层出挑一部分，南面比北面出挑更多，因此太阳高照时建筑中的一部分可以为自身提供遮阳。上层则根据太阳围绕建筑照射的轨迹设置了旋转的遮阳板（图6–8）。

设计这座建筑的目的是给人们提供更多非正式会面的机会。下面两层是一个科学园，学生们在这里可以见到商界的代表。三层也用作公共空间，交通流线为建筑使用者和参观者提供了最大的交流机会，还能作为展览空间使用。上面两层

图6-8　Kuggen生态办公楼

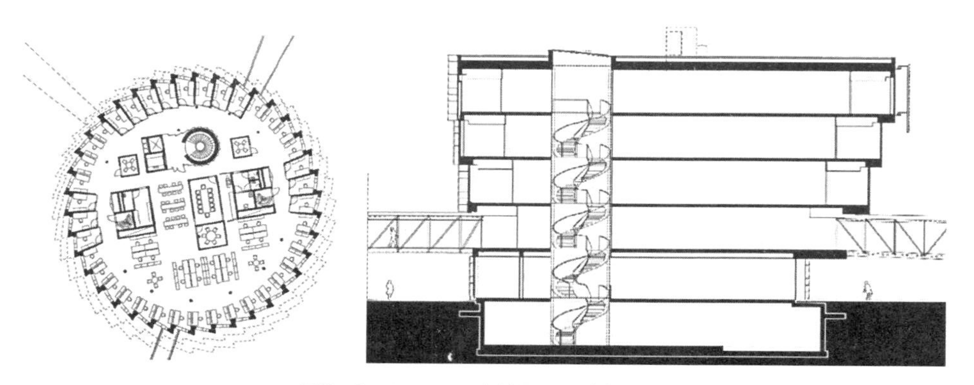

图6-9　Kuggen大楼平面、剖面图

基本都是出租办公室。整座建筑只有一部电梯，因此走楼梯就成了垂直交通的主要方式，这不但促进了人们之间的交流，还有利于身体健康（图6-9）。

6.3.2 生态设计

在哥德堡，建筑玻璃窗占外围面积的30%～35%。三角形的窗户能将阳光引入到最需要光线的地方，并通过顶棚照射到建筑核心筒的最深处，尽量减小气候的负面影响。其开窗大小既适宜办公单元的使用，又提供了开敞的景观视野。光滑陶土板的图案根据观看角度的不同和日光照射的变化而呈现出不同的外观效果。红色参考了码头和港口常用的工业漆的颜色，其中还不时夹杂着一些绿色作为对比色。这些细节使建筑的每一面都有不同的特点，并随着一天中时间的不同而不断变化。

Kuggen生态办公楼由重复的办公单元构成，从北向支柱开始每层扩展2个房间单元，这使得建筑每层向南扩展了1500mm，从而为下层的窗户提供遮阳。带光伏电池的自动遮阳板环绕建筑移动，遮阳的同时提供电力。屋顶上的自来水太阳能收集器完善了太阳能系统。通风、照明、加热和制冷方面采用的先进手段，把建筑对环境的影响降至最低。建筑内安装了人体感应控制照明和通风系统，能量只用在真正需要的地方。这样的设计使得建筑每年能耗总量低于55kW・h/m^2。

6.4 哥本哈根绿色灯塔生态楼

6.4.1 绿色灯塔建筑设计

在2009年12月的哥本哈根气候变化峰会的背景下，丹麦克里斯坦森设计师事务所为丹麦哥本哈根大学设计了绿色灯塔项目（图6-10）。作为丹麦首个零碳建筑，绿色灯塔的全部动力源自对太阳能的收集和使用，这很好地阐述了既环保又精致的建筑新理念。绿色灯塔位于哥本哈根市内的哥本哈根大学校园内，为三层

图6-10 绿色灯塔外观

的圆形建筑，总建筑面积950m^2，具体用作哥本哈根大学科学系学生的学习、生活、就业监管咨询中心。绿色灯塔项目是无二氧化碳排放的零排放生态型建筑。绿色灯塔从构思到设计、施工、竣工，大约经过了2年时间，已于2009年11月份正式交付使用运营。

绿色灯塔的创意来源于中国的“日晷”，克里斯坦森建筑设计事务所的设计师们根据“日晷”创作了其圆柱外加倾斜顶面的造型，充分表现出建筑与太阳之间的密切关系。绿色灯塔采用了大中庭设计，其用意有四：一是根据其用途，刻意设计出一个开敞、通透、开放的空间；二是出于参观时人多、需要集中讲解的功能考虑；三是为了利用烟囱效应，实现自然通风；四是为了提高整个建筑内部采光的均匀度。

绿色灯塔的入口作了嵌入式处理，一方面是将就比较狭窄的场地，不使雨篷占用过多的空间；另一方面是增加建筑体形上的变化。绿色灯塔的层高为3.5m，层外观采用圆柱体（图6–11）。这种独特的设计既是建筑的一个亮点又能减少太阳辐射和热能损耗。建筑的露台是一种过渡空间，是一个可以用来放松、

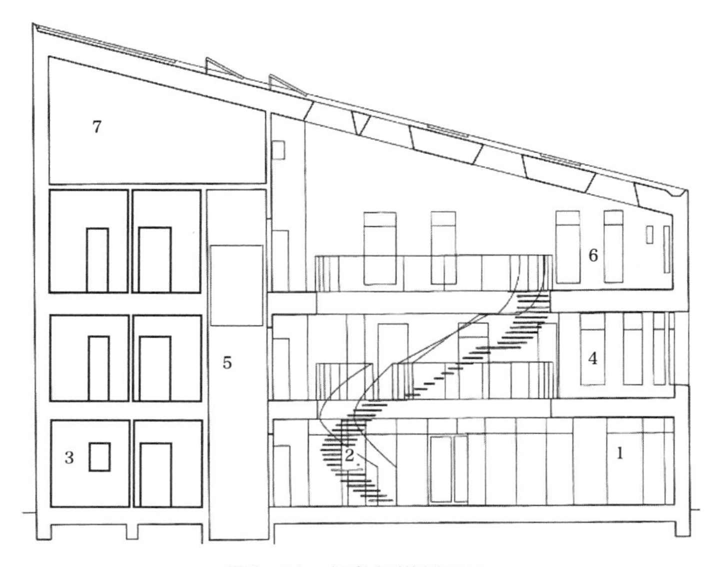

图6–11　绿色灯塔剖面图

1—接待室；2—主楼梯；3—礼堂；4—学生指导室；5—电梯；6—教师休息室；7—机房

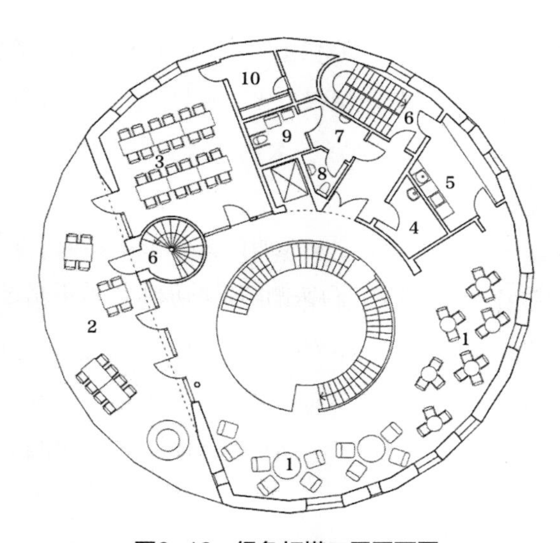

图6-12 绿色灯塔二层平面图

1—教员休息室1-2；2—露台；3—会议室；4—清洁室；5—厨房；
6—安全出口1；7—盥洗室；8—卫生间；9—无障碍卫生间；10—储存

观景、临时小憩的场所。设计师为这个建筑设计了一个比较大的开放的露台，目的就是让建筑的使用者们可以有轻松、惬意、享受生活的空间（图6–12）。

丹麦国家建筑规范规定，每栋公共建筑，可以拿出预算1.5%的款项用于艺术装饰。绿色灯塔项目邀请丹麦国家艺术院的两名艺术家，设计了一个名为“仪器”的艺术雕塑。这个雕塑看起来像一个探测器，其主体共由8个“手臂”组成，每个“手臂”上装有30面小镜子。艺术家表示，如果阳光灿烂的话，在一年内的某两天时间里，每个“手臂”上会有两面小镜子可以在中庭的地板上透出一个圆形的光环（图6–13）。

图6-13 位于绿色灯塔中庭天花板最显眼处的艺术雕塑——“仪器”

6.4.2 绿色灯塔采光设计

绿色灯塔项目在采光模拟计算上花费的时间，比以往的任何建筑都要多出许多。此次采光计算，使用了威卢克斯公司最新开发的采光模拟分析计算软件Daylight Visualize。该软件经过了国际照明协会的鉴定，是一款非常精确的计算软件，其对光照分析计算的结果，与实测结果的最大误差不超过4.9%，平均误差仅有2.9%。

首先，建筑的内部照明以自然采光为主，结合丹麦当地的光照条件，除在建筑的立面安装适量的竖窗，还在建筑的顶部设置了一定数量的屋顶窗，这无疑给建筑的中庭带来了巨大的光照变化（图6–14）。

图6–14　绿色灯塔的屋顶窗设计

其次，这个项目的工程师们应用该软件，对建筑的每一个房间、每一个角落，分全云天、半阴天、晴天等几种情况，在全年的几个标志时间段——春分、秋分、夏至、冬至，分别进行了计算，对有眩光的部位和采光系数小于3%的部位，与建筑师进行反复设计和比较。直到满意之后，才告一段落。

6.4.3 绿色灯塔能源设计

绿色灯塔作为可持续、无碳、环保的建筑，当然会把能源的消耗与使用作为

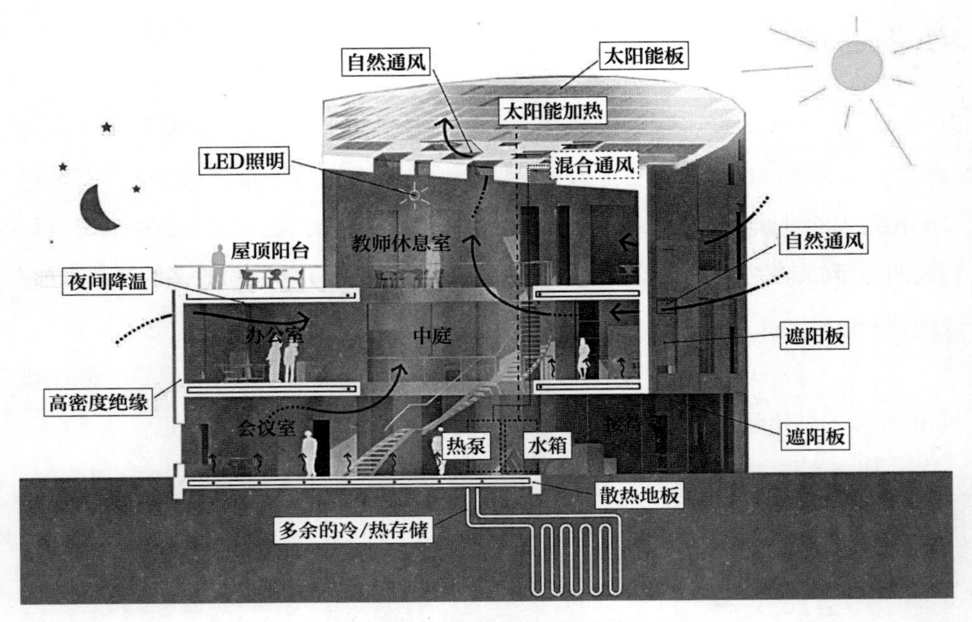

图6-15 绿色灯塔能源设计技术使用示意

一个重点课题来研究。绿色灯塔的能源设计总体原则是：尽量减少能耗，尽量使用可再生能源，高效使用化石能源。绿色灯塔能源设计技术使用示意如图6-15所示。

1. 良好的结构保温性能

丹麦地处北欧，气候比较寒冷，建筑的良好保温性能是建筑节能的重要环节。为此，设计人员在绿色灯塔的外墙设计、门窗选择上花了大量时间。由于冬夏季节对太阳热的需求不同，项目的窗户使用了合适的遮光、遮热窗帘。

2. 太阳能集热板和光伏电池

近300m^{2}的屋顶，除了少部分设计为屋顶窗用于采光外，大部分可以用来安装太阳能集热板和光伏电池。绿色灯塔项目的太阳能集热板满足了建筑本身的热水需要，同时，建筑在夏天使用剩下的来自太阳的热量，将通过管道传入地下的季节性蓄热设备，以备冬天使用。

绿色灯塔项目安装了一定数量的光伏电池，所产生的电量主要用于照明和维持热泵的运转。

3．热敏地板

在丹麦的气候条件下，建筑内的地板可以用作热储存器，尤其是在冬天，将白天的热量储存在地板内，可以使得第二天工作期间，不需使用过多的热源来加热建筑。同时，与空气供热相比，地板供热使人感觉更加舒适。

4．季节性蓄热技术

绿色灯塔项目中使用了季节性蓄热技术，这项技术是在夏天太阳能量过剩的时候，将一些热能以一定的形式储存在地下，待到冬天能源短缺时，再放出来使用。这项技术对于中国大部分夏天有着充足日照、冬天又非常寒冷的地区，有着巨大的价值。

5．能源中控系统和能耗记录系统

绿色灯塔项目以约100m^2为单位，分为9个区域。平时，有光感、温感、风感、二氧化碳等若干个探头，对这些区域进行监控；一旦发现问题，比如光照不够、温度不够、空气质量不好，这些探头就会把信息发到中央处理电脑上，电脑再根据室外的气候情况，通过自控系统，采取开窗、启闭窗帘、启闭电灯等措施，改善室内气候。同时，能源的使用记录系统还将随时记录各个区域的供热、热水、通风、照明等的耗能情况，以供分析和研究。

6．绿色灯塔的能源数据

绿色灯塔项目供热消耗指标初步估计为22kW·h/（m^2·年）。按预计方案，下列能源可以满足热能供应需求：35%为可再生能源太阳能，来自于屋顶上的太阳能电池；65%为热泵驱动的区域热能，由储存在地下的太阳能热能供给，从而减少对生态环境的威胁；热泵可将区域热能利用效率提高约30%（按目前汇率计算，该项目每年的区域供热成本为1900欧元左右）。

绿色灯塔屋顶上45m^{2}的太阳能电池是建筑物的主要能量来源，可满足照明、通风和热力泵动力需求。这个项目中的能源设计是在整个丹麦进行的首次崭新尝试，是一次真正意义上的试验。从长远来看，此方案可被推行至欧洲大部分地区的办公楼和厂房建设项目，并将成为未来二氧化碳排放问题的创新解决方案。

6.5 哥本哈根皇家歌剧院

皇家歌剧院坐落于哥本哈根港口，位于长堤公园对岸的霍尔曼岛上，和阿美琳宫隔河相望。由3个重要部分组成：人行步道、舞台大楼、楼层空间（图6–16）。

图6-16　哥本哈根皇家歌剧院

6.5.1 建筑设计

哥本哈根皇家歌剧院是哥本哈根近年来规模较大、较为特殊的公共建筑，由主剧场（650座）、辅助剧场（250座）及小剧场（100座）构成，可同时容纳1000名观众。考虑到滨海的恶劣气候，剧场外部材料选用了特别设计的暗色扁长砖，这种砖由高温烧制，以使得他们在水下也能长时期耐受海水腐蚀。

1. 主剧场空间

主剧场空间位于铜质立方体的正下方，剧场内有650个座席。设计师使用可单独调光的低压卤素灯将组成墙面的哥伦巴（Kolumba）砖块由下至上洗亮。与大厅类似，设计师对于每盏上照灯之间的距离控制都不一样，巧妙地增大了砖块表面纹理的效果，创造神奇的阴影效果和独特的氛围。座椅下的台阶以及天花板的边缘部分也使用到了光纤照明，发光端光源为金卤灯。在天花板中央区域安装了GOBO 射灯从而创造漫射效果。主剧场地面为晶质极高的黑色木地板，光纤装置沿着台阶的边缘安装，指引观众方向。设计师采用间接照亮天花板的设计，只有当观众向上看到光纤和射灯光点时方能感受到空间的高度。整个空间的色彩主要为红色、黑色和白色。

卤钨灯将组成墙面的手工Kolumba砖块由下至上洗亮，进一步加强了洞穴感。包厢由光纤照亮。不规则排列的射灯在红色的座椅区投下生动的光影。台阶边缘同样使用光纤技术，辅助引导方向。主剧场氛围通过丰富的光影对比投射在手工烧制的砖块墙面上显得格外与众不同。

2. 灯光设计

438根长短不一的光纤铜管组成的照明装置悬挂在大厅中，微小的发光口仿佛闪烁的星星。全部光纤装置应用了55 组250W 金卤光源。与射灯不同，光纤所发出的光点会反射在玻璃幕墙上，这样当观众朝窗外看去时，不仅能看到港湾夜景，还能看到美丽星空。光纤照明的灵活性也是一大优势，更换发光一端的光源

图6-17 流通区域

便能根据不同需要创造不同的氛围。

灰色钢架格栅是演员们的准备区和休息区的视觉焦点，外侧的墙面使用玻璃材料，因此天然光也能渗透进来。在该区域的天花板结构上有直角玻璃开窗，设计师将它们刷成了橙色和黄色。暖色光的金卤射灯将钢结构打亮。建筑位于城市中亮度相对较低的位置，流通区域因为使用了大量天然光而使能耗大大降低（图6-17）。

6.5.2 节能措施

这座由建筑师伯杰·伦佳德（Boje Lundgaard）和勒纳·特兰伯格（Lene Tranberg）设计创作的具有挑战性的建筑，自2008年建成后，已成为哥本哈根港口文化区中具有突出吸引力的建筑，这不仅仅因为其外观独特，更重要的是它是一座可持续的节能低碳建筑。

业主方在建造之初，聘请丹麦科威（COWI）集团为它量身定做了一套创新的能源解决方案。此能源解决方案包含了海水源热泵（制冷）、具有储能功能的热能动结构和需求驱动的通风系统。通过此方案，仅系统的制冷能耗就节省了超过75%。也正因如此，皇家歌剧院成为欧盟节能建筑示范项目，并获得欧盟提供的500万丹麦克朗的资金支持。

为减少能源消耗和对环境的影响，剧场设计过程中发展出了几个创新的能源概念，并被整合到设计中。设计的目标是将制冷有关的能源消耗和碳排放减少50%，通过环境亲和型的混凝土（绿色混凝土）减少施工中26%的碳排放。剧场使用了可再生的能源来源，目标是使用剧场演出时产生的剩余热量来优化能源系统，进而用海水制冷，用可逆可间断的热泵来提高总体的能源效率，这一切均由智能的BEMS系统来控制。

1．海水源热泵制冷供暖

由于皇家歌剧院具有靠近海边的区位优势，工程师就利用海水来为建筑制冷和供暖。安装在建筑物内部的海水源热泵机组会将歌剧院周边的海水作为提取和储存热量的基本“源体”，消耗少量电能，在夏季把建筑物内的热量“取”出来释放到海水中，以达到调节室内温度的目的；在冬春季节则把存于海水中的低品位能量“取”出来，给建筑物供热。

采用海水源热泵机组的优势在于对资源的高效利用。其一，它虽然以海水为“源体”，但不消耗海水，也不会对海水造成污染；其二，它的热效率高，消耗1kW的电能，可以获得3～4kW的热量或冷量，从根本上改变了传统的能源利用方式，并且具有可再生性。

2．热能动结构积累能源

皇家歌剧院中广泛采用了一项节能技术——热能动结构，即在混凝土结构中嵌入塑料管，这个塑料管能非常有效地进行能源积累，并降低可用资源的负荷。在冬季，由照明和观众产生的多余热量将会储存在热能动结构中，在第二天为建筑供暖；在夏季，建筑会利用夜间通风将冷量储存在建筑结构中，在第二天为建筑供冷。

与传统的散热器系统相比，热能动结构提供了更好的热舒适度，这是由于其工作温度与室温接近，避免了高温散热器产生的灼热感。同时，海水源热泵还可以与热能动结构联动，为热能动结构提供能量。

3．主动式储热楼板存储热量

建筑中采用了主动式储热楼板来存储多余的热量，主动式储热楼板是总体能源策略中的重要部分。不同空间要求的温度有5～10℃的差异，这意味着能源系统可以采用回收的“微高温度”用来制冷。在冬季，来自照明和观众活动的剩余热量能在楼板中存储起来；而在夏季，建筑在夜间被自然冷却。

4．需求驱动通风降低能耗

作为一座节能建筑，皇家歌剧院在符合建筑美学、自然采光和健康舒适的室内环境目标的同时，还尽量降低其对能源的消耗。

由于设计师希望为皇家歌剧院创造一个视觉印象为透明的顶层，因此在建筑的顶层开设了一些窗户，这为自然通风创造了条件。因此，皇家歌剧院首先选择尽量利用自然通风，从而减少通风能耗（图6–18）。在观众厅中采用了需求驱动

图6–18　自然通风设施

的机械通风系统，即通过室内二氧化碳传感器来确定通风量，在确保室内空气质量的同时，尽量减少通风的能耗。此外，还安装了风机，在低烟囱效应时用来增强气流。同时，楼宇自动化管理系统会自动控制通风，用户也可根据情况和个人喜好选择手动控制。

总之，皇家歌剧院的设计创造综合了几个创新的能源概念。工程的建造采用了热力设备、被动式能源储备、带有热泵系统的海水冷却装置和按需通风装置，计划节约用于冷却的电力消耗最高将达到40%。

6.6 奥斯陆歌剧院

于2008年投入使用的奥斯陆歌剧院就像一座冰山一样在奥斯陆拔地而起。坐落于比约维卡（Bjørvika）地区岸边，临近证券交易所和中央车站。它是继14世纪初建造于特隆赫姆（Trondheim）的尼德罗斯大教堂（Nidarosdomen Cathedral）后，挪威国内最大的文化建筑，也是世界上唯一一座观众能走到屋顶的歌剧院，被授予巴塞罗那国际建筑艺术节（WAF）文化类建筑大奖。

6.6.1 建筑设计

奥斯陆歌剧院位于挪威首都奥斯陆，总体面积为38500m^2，共有1000多个房间。和许多欧洲剧院不同，该歌剧院的建筑设计完全围绕着使用功能展开。其独特的外观造型给人强烈的视觉印象，35000块白色大理石板覆盖了剧院巨大的倾斜屋顶，构成了建筑的主体风格。整个剧院看起来既像是一个现代的滑雪跑道，又如同一座巨型冰雕耸立于奥斯陆的海岸上。

尽管外形是未来派的斜角结构，但是奥斯陆歌剧院并不是高高在上的建筑，参观者可以在屋顶上野餐，王室也可和群众打成一片。歌剧院造价40亿克朗（合

7.67亿美元，5.05亿欧元），这座挪威最新的艺术建筑以开放性和可达性为关键概念，容纳了挪威歌剧团和国家芭蕾舞公司。参观者可以经外面连接屋顶的巨大坡道上到32m高的屋顶上，这里百无禁忌，人们可以野餐或从坡道上滑下，甚至可以跳入奥斯陆海湾的海水中。

歌剧院的内部是一座同样宣扬平等主义的大厅，有1359个座席。黑色橡木建造的剧院甚至没有设置寻常歌剧院都有的包厢。即便是挪威国王和王后也只是坐在一个5m^{2}不到的区域内，与其他观众隔开。主大厅是一间巨大的开放式房屋，屋内装饰极其简洁，只采用了相当普通的材料，如石料、混凝土、玻璃和木材。这里提供了休息区、酒吧和餐厅。主观众席的座位布局是经典的马蹄铁形状，采用了世界最先进的技术，能够为观众提供最佳的视觉和听觉享受。舞台区域有几千平方米，其中有部分位于水下16m深处。和开放式主大厅不同，主观众席用波罗的海橡木为装饰材料。后面的1350个座位都拥有自己独立的屏幕，能够在演出的同时提供8种语言的字幕提示。来自挪威西北海岸线的造船工人负责包厢的浮雕雕刻工作，天花板上悬挂着挪威最大的圆形树状装饰灯。

从剧院外面看，最显著的特征是白色的斜坡状石制屋顶从奥斯陆峡湾中拔地而起，游客可以在屋顶上面漫步，饱览奥斯陆的市容美景（图6–19）。

图6–19　奥斯陆歌剧院外人流如织

6.6.2 绿色设计

1. 采光照明

采光在奥斯陆歌剧院中同样得到了重视，建筑立面巨大的玻璃表皮使主要空间都能受到阳光的照射，晚间室内的灯光点亮时，建筑便呈现出灯笼的效果（图6-20）。低铁玻璃是建筑师最佳的选择，它可以使光线毫无损失地完全照射进室内大厅。光线从屋顶倾斜而入，屋顶上的行人和大厅中的观众可以互相看到彼此，目光交汇，成为另外一道流动的风景（图6-21）。

图6-20　奥斯陆歌剧院夜间光照效果

图6-21　奥斯陆歌剧院“流动的风景”

奥斯陆新歌剧院的表皮随着不同的天然光情况而呈现出不同的光影组合、色彩和氛围。这是唯有北欧人懂得享受的一种自由——根据不同情境有无数种表现自我的方式。情境改变的基础是对材料的选择，即不同材料在光线下的不同特性。

随着不同的光线条件及材料表面的反射方式，大厅中的氛围也在改变。设计的一大原则是尽可能使室内更多的地方接收到天然光。对没有天然光直接照射的空间，建筑师选择用间接照明的方式照亮，尽量避免直接看到灯具。将照明融入其他室内装饰元素中在公共空间表现得尤为明显。奥拉维尔·埃利亚松（Olafur Eliasson）受邀为容纳盥洗室的4个独立空间的表皮进行设计。隐藏了LED的穿孔表皮墙及隐藏在其中的LED光源使整个墙面看起来富有韵律感，绿色和白色的光在有节奏地变化着，这一灵感来自冰川和水晶（图6–22）。

图6–22　隐藏了LED的穿孔表皮墙

2．太阳能供电

歌剧院外部屋顶造型采用白色大理石和与之相近的铝板。铝板表面布有盲文一般的凹凸圆点，表面肌理的变化让人试图读出它的规则（图6–23）。从峡湾中观看剧院，建筑正面的太阳能电池板熠熠生辉。事实上，这是挪威国内最大的依靠太阳能供电满足能源需求的建筑。

3．与自然共生

35000块白色大理石板覆盖并构成了歌剧院巨大的倾斜屋顶，远远看去，整

图6-23　剧院外部的铝板

个歌剧院就像是一个与海水交融的巨大石雕。每一块石材都有自己的编号，就像是拼图游戏。白色大理石来自意大利，这种石材的最大特点是被海水浸泡仍能保持原来的光泽。纯净的白色给人简单朴素的感觉，使游客不会对这个庞然大物产生距离感。

橡树被选为主导材料，用于浪墙和大礼堂。用于浪墙时，它可以呈现不断变化的几何图形，并发挥吸声的作用；用于大礼堂时，密集的橡木容易塑造稳定感和特殊的触觉。主观众席用波罗的海橡木作为装饰材料，歌剧院内部完美地展现了这一挪威最具特色的建筑材料。巨大的木雕内墙将演出厅和休息大厅分割开来，形成耐人寻味的空间语言和建筑层次（图6-24）。

图6-24　木材的运用

结语

北欧国家在生态城市建设和绿色建筑建造方面处于世界领先地位，尤其是绿色建筑技术体系标准和技术措施对我国绿色建筑的建设和发展具有直接示范作用，梳理北欧国家所建立的一系列生态城区规划、建设及运营策略，对我国生态城区的规划建设具有重要的参考价值和借鉴作用。

我国提出“双碳”目标，倡导绿色、环保、低碳的生活方式，彰显了中国应对全球气候变化的大国担当，进一步坚定了“十四五”期间中国经济高质量发展的重要原则。与国际领先水平相比，我国超低能耗建筑起步较晚，理论和标准体系初步建立，还需进一步的研究、验证和完善；设计正由规定性设计向性能化设计转变，尚有许多设计理论与方法需进一步完善；工程的实际应用效果还需进一步跟踪、监测和评估；产品体系和工艺相对单一，施工工艺和水平、产品质量性能还需进一步提升。总体而言，北欧经典绿色建筑案例及经验，为我国生态城区规划及绿色建筑建造提供了如下参考建议。

1. 积极深化生态城区与绿色建筑的建造发展

在北欧国家，以“被动房”为代表的超低能耗建筑、近零能耗建筑的发展已是一种普遍趋势。一方面，随着超低能耗建筑技术的发展和成熟应用，单体建筑规模逐步扩大，起步时以中低层小型项目为主，发展至今已有很多大型公共建筑案例。另一方面，逐步实现了由单体建筑的试点示范向区域规模化推动的过渡。在推广以“被动房”为代表的超低能耗建筑的基础上，北欧新建建筑能效水平还在不断提高，逐步开展了“零能耗建筑”“产能建筑”等技术体系的示范应用。

同时，越来越多的既有建筑改造为低能耗或超低能耗建筑，并已成为城市传统工业区或低收入家庭聚集区更新建设的亮点，为老旧城区发展提供了新的契机，显著改善了低收入家庭居住环境，吸引了优秀企业、人才的入驻。

同时，还应推动既有建筑超低能耗节能改造。我国目前超低能耗建筑还是主要聚焦于新建建筑，对于量大面广的既有建筑，受成本所限鲜有涉及。北欧国家正在大力推动将公共建筑改造为低能耗建筑或超低能耗建筑，此类项目将综合考虑气候条件、经济成本和实际项目的技术条件等因素，优化设计方案以达到最低能耗的目标。我国目前同样也面临着城市更新、老旧小区改造等方面的挑战与任务，可以积极探索既有建筑改造成超低能耗的标准和技术路线，并推动公共建筑率先垂范。

2．注重园区规划与单体建筑之间的统筹协调

生态城区规划与绿色建筑设计是一个复合系统，要充分考虑生态、人文、美学及经济实用等因素。北欧国家十分注重区域设施设备建设与单体建筑技术应用的统筹衔接，既注重区域绿色生态技术的应用，也关注为建筑的绿色化提供基础与条件；此外，生态城区的规划均在综合考虑区域建筑规模和用能需求的基础上进行，建立了与单体建筑项目供热需求相匹配并可直接应用的集中供热设施，从而提升了能源利用效率。

国内正在积极开展绿色建筑的示范工程，但由于建筑并非孤立存在，其建设需要依托于周边环境，建筑绿色化发展无法脱离其所在区域的绿色生态水平，只有加强两者衔接才能更好地提升绿色发展水平。因此，我国在新区规划建设过程中，应借鉴北欧国家的建设经验，结合区域内绿色建筑的建设规模，充分考虑其对集中供热、雨水收集、再生水处理等绿色公共设施运营服务能力的需求，与总体规划、控制性详细规划以及能源利用等专项规划有效衔接。同时，要统筹考虑生态、人文、美学及经济方面的因素，通过统筹规划和具体建设，提升总体城市绿色发展水平。

3．强化政策支持与技术发展的支撑作用

与国际领先水平相比，我国的生态城区规划及绿色建筑设计起步较晚，政策指引、规范标准及理论体系初步建立，还需进一步地研究、验证和完善；对工程的实际应用效果还需进行进一步跟踪、监测和评估。因此，应当制定全面可行的法律法规及标准体系，以法律规范绿色建筑实施行为，及时更新现有技术标准和规范，借鉴北欧经验，制定针对绿色建筑的强制性政策，并制定相应标准，提升执行水平。同时，完善绿色建筑评价体系，在充分考虑经济和行业发展情况的基础上，不断更新和完善评价体系，构建更加符合社会发展需求的评价指标体系。

在理论体系与技术发展方面，欧洲在超低能耗建筑和绿色建筑领域已经形成了比较成熟的理论和技术体系，包括完善的产业支撑、高性能材料和绿色高效的施工工艺等。首先，在单体建筑技术应用方面，北欧国家推动超低能耗建筑发展的同时，其绿色建筑技术、装配式技术、绿色建材等相关理念和技术也同时贯穿于设计和建设的各个环节，实现了协同应用。其次，以气候特征和自然条件为基础，超低能耗建筑通过利用自然通风、自然采光、太阳能辐射等各种被动式技术，并与建筑围护结构高效节能技术相结合最大限度降低了建筑供暖制冷需求，同时通过高效热回收新风技术、供暖制冷系统和可再生能源利用为建筑辅助供暖制冷。目前，国内主要借鉴了欧洲以“被动房”为代表的超低能耗建筑理念、标准和理论，但对这方面基础理论的研究还比较薄弱，积累不足，特别是对超低能耗建筑在高气密性、超低负荷特性下，有关空间形态特征、热湿传递、热舒适性、新风及能源系统的最优运行模式等各参数间的规律和耦合关系等基础理论的研究还比较缺乏。此外，国内还比较缺乏完全能满足实际设计需求且简易准确的计算模拟软件，特别是在湿热模拟分析、热桥模拟分析等精细化设计方面，大部分依赖国外进口软件，因此需要在这方面加大投入和研究力度。

4．充分考虑因地制宜，凸显以人为本

北欧国家的生态城区规划和绿色建筑建造技术，并非简单的技术堆砌，而是强调因地制宜和精细化设计，实现途径和技术体系灵活多样，建造产品和工艺的在地性。同时，建筑是人类生活和工作的主要空间，必须考虑舒适性、安全性、健康性等人本需求。北欧国家在提升超低能耗建筑、绿色建筑自身绿色水平的同时，还将以人为本作为基本的设计理念，提升了使用者的感知满意度。以上成功经验均为我国生态城区规划和绿色建筑建设提供了重要启示。

参考文献

[1] 王凯，吉宇飞．论我国绿色建筑的内涵与外延[J]．西安建筑科技大学学报（社会科学版），2016，35（1）：70–73.

[2] 倪珅，王全福，王方．浅谈新能源及可再生能源在建筑中的应用[J]．中国科技信息，2013（3）：35.

[3] 梁浩．我国建筑节能的现状与对策探索[J]．产业与科技论坛，2016，15（17）：84–85.

[4] 李佐军，赵西君．我国建筑节能减排的难点与对策[J]．江淮论坛，2014（2）：5–9，2.

[5] 卢泳志．绿色节能建筑在中国迫在眉睫[J]．中国房地产业，2011（6）：29–32.

[6] 安然．走在绿色节能的最前沿：中德生态园“被动房”项目[J]．电力设备管理，2018（8）：95.

[7] 范红轮．基于生态环境敏感区保护的城市生态园区规划研究[D]．武汉：华中科技大学，2005.

[8] 龙惟定，梁浩．低碳生态城区能源规划的目标设定[J]．城市发展研究，2011，18（12）：13–19.

[9] 赵格．LEED-ND与CASBEE-City绿色生态城区指标体系对比研究[J]．国际城市规划，2017，32（1）：99–104.

[10] Register R. Ecocity Berkeley: Building Citys for a Healthier Future[M]. CA: North Atlantic Books, 1987.

[11] 唐叶萍．生态文明视野下的生态城市建设研究——以长沙市为例[J]．经济地理，2009，29（7）：1108–1111.

[12] 沈清基，安超，刘昌寿．低碳生态城市的内涵、特征及规划建设的基本原理探讨[J]．城市规划学刊，2010（5）：48–57.

[13] 李迅，曹广忠，徐文珍，等．中国低碳生态城市发展战略[J]．城市发展研究，2010，17（1）：32–39，45.

[14] 黄光宇．生态城市研究回顾与展望[J]．城市发展研究，2004，11（6）：41–48.

[15] 郭秀锐，杨居荣，毛显强，等．生态城市建设及其指标体系[J]．城市发展研究，2001（6）：54–58.

[16] 仇保兴．我国城市发展模式转型趋势——低碳生态城市[J]．城市发展研究，2009，16（8）：1–6.

[17] 刘兴民．绿色生态城区运营管理研究[D]．重庆：重庆大学，2014.

[18] 李冰，李迅．绿色生态城区发展现状与趋势[J]．城市发展研究，2016，23（10）：91–98.

[19] 何斌．建设生态城区转型发展的务实之路——东莞生态园规划建设实践回顾[J]．城市发展研究，2016，23（5）：31–36.

[20] 叶祖达，耿宏兵．绿色生态城区建设实施——法定控制性详细规划的治理体制问题[J]．城市规划，2015，39（12）：40–46.

[21] 吴乘月，刘培锐，闫雯，等．低碳生态城市规划评价体系研究[J]．城市规划学刊，2017（S2）：222–228.

[22] 杜海龙，李迅，李冰．绿色生态城市理论探索与系统模型构建[J]．城市发展研究，2020，27（10）：1–8，140.

[23] 徐丽婷，姚士谋，陈爽，等．高质量发展下的生态城市评价——以长江三角洲城市群为例[J]．地理科学，2019，39（8）：1228–1237.

[24] 杜海龙，李迅，李冰．中外典型绿色生态城区评价标准系统化比较研究[J]．城市发展研究，2020，27（11）：57–65.

[25] 杜海龙．国际比较视野中我国绿色生态城区评价体系优化研究[D]．济南：山东建筑大学，2020.

[26] 蔡廷龙．基于绿色、低碳建筑视角的生态城市设计浅谈[J]．中外建筑，2019（2）：35–37.

[27] 刘伦，王川．我国生态城市相关政策回顾与评述[J]．北京规划建设，2013（6）：65–70.

[28] 蒋艳灵，刘春腊，周长青，等．中国生态城市理论研究现状与实践问题思考[J]．地理研究，2015，34（12）：2222–2237.

[29] 李海龙．中国生态城建设的现状特征与发展态势——中国百个生态城调查分析[J]．城市发展研究，2012，19（8）：1–8.

[30] 闫实强．北欧投资与风险防范[J]．中国外汇，2019（12）：30–31.

[31] 徐振强．芬兰生态智慧城市（区）规划建设经验及其启示——基于世界设计之都赫尔辛基新城建设实践的调研[J]．中国名城，2016（1）：69–79.

[32] 郑拴虎，张善江，郭维圻，等．芬兰、冰岛建筑节能与环保考察情况[J]．区域供热，2014（6）：5–17.

[33] 陈亮．借鉴国际经验探析我国雾霾治理新路径[J]．环境保护，2015，43（5）：66–69.

[34] 连希蕊．瑞典：生态经济的王国——访瑞典驻华大使罗睿德[J]．财经界，2012（21）：78–81.

[35] Ligtermoet D. The Bicycle Capitals of the World: Amsterdam and Copenhagen[R]. Utrecht, Netherlands: Fietsberaad, 2010.

[36] 闫湘．丹麦的环境保护[J]．生态经济，2007（10）：151–154.

[37] 李志军．挪威的能源战略、政策及启示[J]．技术经济，2008，27（3）：83–87.

[38] 魏天颖．丹麦与挪威能源政策与法律之比较研究[J]．法制与社会，2015（2）：271–273.

[39] 刘敏．挪威可再生能源发展趋势[J]．电器工业，2007（12）：54–55.

[40] 张超，侯薇．浅谈生态住区的设计——以芬兰维基区生态社区为例[J]．科学之友，2011（3）：126–127.

[41] 吴晓，汪晓茜．芬兰生态型居住区探察——以赫尔辛基的Viikki实验新区为例[J]．建筑学报，2008（11）：28–32.

[42] 吴晓．北欧生态型城镇的规划建设及思考[J]．城市规划，2009，33（7）：64–72.

[43] 贾刘强，李卓珂．瑞典城市更新的特点及其经验启示——以哈默比湖生态城建设为例[J]．四川建筑，2021，41（3）：9–13.

[44] 刘亮，辛晓睿．瑞典斯德哥尔摩哈马比低碳社区建设研究[J]．中国城市研究，2011，6（2）：89–95.

[45] 冯玉萍．可持续发展生态美好城市：斯德哥尔摩学习考察观感[J]．建筑创作，2012（3）：174–177.

[46] 林逸风，邹立君．基于可持续发展理念的城市更新实践典范——以瑞典皇家海港城为例[J]．建筑技艺，2019（1）：8–11.

[47] 白玮，尹莹，蔡志昶．瑞典可持续社区建设对中国的启示[J]．城市规划，2013，37（9）：60–66.

[48] 肖绪文，冯大阔．北欧绿色建造考察见闻及借鉴意义[J]．施工技术，2015，44（10）：1–5.

[49] 彼特·拉杰．丹麦森讷堡创建零碳城区[J]．环境保护，2013，41（2）：26–28.

[50] 刘鹏影，刘建军．以城市事件为契机的旧工业区改造与再发展研究——以瑞典马尔默住宅展为例[J]．国际城市规划，2105，30（2）：87–94.

[51] 姜中桥，梁浩，李宏军，等．我国绿色建筑发展现状、问题与建议[J]．建设科技，2019（20）：7-10.

[52] 中国建筑节能协会．中国建筑节能现状与发展报告[M]．北京：中国建筑工业出版社，2012.

[53] 中国城市科学研究会．绿色建筑（2012）[M]．北京：中国建筑工业出版社，2012.

[54] 杨元华，赵辉，杨修明．绿色建筑技术创新的现状与建议[J]．建筑经济，2019，40（8）：94-96.

[55] 潘琳，李海龙，张帆．芬兰绿色建筑经验在我国绿色生态城区规划中的应用——以内蒙古阿尔山中芬生态城为例[J]．建设科技，2016（13）：21-25，31.

[56] 张辛，张庆阳．瑞典绿色建筑评价[J]．建筑，2017（8）：40-43.

[57] 黄有亮，杨江金，孙林．我国建筑节能技术成熟度评价与预测[J]．科技管理研究，2010，30（5）：47-50.

[58] 陈国义．中国建筑节能标准体系研究概述[J]．中国建设信息，2008（6）：28-31.

[59] 彭梦月．欧洲超低能耗建筑和被动房的标准、技术及实践[J]．建设科技，2011（5）：41-47，49.

[60] 兰兵．中美建筑节能设计标准比较研究[D]．武汉：华中科技大学，2014.

[61] 郭伟，陈曦．中国建筑节能技术标准体系现状研究[J].建筑节能，2013，41（9）：61-65.

[62] 尤哈那·拉赫蒂．当代芬兰建筑中的自然和现代主义[J]．孙凌波，译．世界建筑，2012（3）：18-21.

[63] 卜毅．建筑日照设计[M]．北京：中国建筑工业出版社，1988.

[64] 张诗文．被动式太阳能采暖建筑的应用现状[J]．农业与技术，2021，41（3）：102-104.

[65] 项琳斐．“齿轮”，哥德堡，瑞典[J]．世界建筑，2010（4）：98-99.

[66] 威卢克斯（中国）有限公司．丹麦零排放生态建筑——绿色灯塔[N]．现代物业（上旬刊）2011，10（10）：14-15.